小動物基礎臨床技術シリーズ

手術器具の基本操作

監修 浅野 和之
著 石垣 久美子　田村 啓　櫻井 尚輝

EDUWARD Press

序　文

　外科学を学ぶには知識だけでなく、技術も重要な要素であり、手術はけっして机上でのみ習得できるものではない。それは、あたかも芸術家がノミや金槌、彫刻刀などを用いて作品を完成させるように、術者が器具を駆使して手術を完遂するという、いわばアートに似ている。しかし、それはサイエンスにもとづいたアート（Science-based art）でなければならない。正しい知識だけあっても技術が未熟であれば、治療を実践することはできない。一方、素晴らしい技術だけを会得しても、正しい知識がなければ間違った治療をすることにつながり、患者を死に追いやってしまう。外科学において、知識と技術は車の両輪の役割を担っていると言える。両輪が正しく回転することで、車はまっすぐ走ることができ、患者を救うという目的地に最短距離で到達できる。どちらかの車輪が大きくて反対側の車輪が小さければ、いつまで経っても目的地に到達することができない。

　手術の術式を解説するテキストブックや教科書は数多く出版されているものの、手術器具（"道具"）をいかにうまく使いこなすかという情報は少ない。よい作品（手術成績）をつくる（得る）には、うまく道具（手術器具）を使いこなす必要がある。本書は、手術器具をどのように使うかという基本的事項について、科学的根拠にもとづいてできるだけわかりやすく解説してもらうことを目的とした。

　まず、一般的な手術器具として最もよく用いられるものについて、日本大学の石垣　久美子先生に解説をお願いした。石垣先生の専門は内視鏡外科やインターベンショナルラジオロジーなどの低侵襲治療学であるが、普段から日本大学動物病院にて手術に携わっている。そこで実践している手術にもとづく一般外科器具の使用方法について、できるだけ詳細かつ科学的なデータにもとづいて解説してもらった。

　一般的な手術器具のほかに、最近では電気手術器（いわゆる、電気メス）や超音波手術器などの外科用エネルギーデバイスが獣医学領域においても多くの動物病院で取り入れられている。しかし、このようなデバイスを大学の授業で教える

機会は限られているため、十分な勉強もしないまま卒業し、実際に動物病院に勤めてから使用方法を勉強するという現状があると思われる。日本大学では外科用エネルギーデバイスについても授業で教えているものの、十分とは言えない。したがって、勤務した動物病院において、このようなデバイスの使用方法がまちがっていれば、そのまままちがった使用方法が継承されてしまう。外科用エネルギーデバイスの特性を理解し、それらを正しく使用することは、手術を事故なくかつ効率的に完遂できることにつながる。外科用エネルギーデバイスについて、東京農工大学の田村 啓先生に解説をお願いした。田村先生は日本でも数少ないFUSE（Fundamental Use of Surgical Energy）を修得した獣医師であり、獣医療に合った外科用エネルギーデバイスの使用方法について実例を挙げて解説してもらった。

　最後に、獣医学領域においても内視鏡外科が取り入れられており、その適応は拡大をみせている。内視鏡外科を導入することによって、患者に与える手術の負担を軽減することができるだけでなく、一部の外科疾患においては治療成績をより向上させることにつながる可能性を秘めている。ここでは、内視鏡外科に必要な器具について、日本大学の櫻井 尚輝先生に解説をお願いした。櫻井先生は大学院生時代から精力的に内視鏡外科に取り組んでおり、基本的な内視鏡外科で使用する器具を解説してもらった。

　以上のように、本書を通じて今一度手術器具の使い方について見直してもらい、読者の先生が少しでも手術を安全かつ円滑に進めることができる一助になれば幸甚である。

2024年5月吉日
浅野 和之

監修者・執筆者一覧

■ 監修者

浅野　和之　　日本大学生物資源科学部獣医学科獣医外科学研究室

■ 執筆者

石垣　久美子　日本大学生物資源科学部獣医学科獣医外科学研究室／
　　　　　　　日本大学動物病院　　　　　　　　　　　　　　　　（第1〜6章）

田村　啓　　　東京農工大学小金井動物救急医療センター／
　　　　　　　TRVA動物2次診療センター　　　　　　　　　　　　（第7〜9章）

櫻井　尚輝　　日本大学生物資源科学部獣医学科獣医外科学研究室　（第10章）

目　次

序　文 2
監修者・執筆者一覧 5
本書の使い方 10

第1章　外科用メス

はじめに 12
外科用メスの使い方 13
　　　メスの種類 13
外科用メスの受け渡し 15
外科用メスの持ち方 15
皮膚切開法 16
皮膚以外の切開 18
メス刃の着脱法（替刃式） 19

第2章　剪　刀

はじめに 22
剪刀の構造と種類 22
　　　外科剪刀 23
　　　メイヨー剪刀、クーパー剪刀 24
　　　メッツェンバウム剪刀 24
　　　フリーマン剪刀 25
　　　マイクロ剪刀 26
　　　ワイヤー剪刀 27
剪刀の持ち方 27
剪刀の使い方 28

第3章　鑷子（ピンセット、Forceps）

はじめに 32
鑷子の種類と選択 33
　　　有鉤鑷子 33
　　　無鉤鑷子 34

	有鈎と無鈎がある鑷子	35
	そのほかの鑷子	36
鑷子の持ち方		38
鑷子の使用方法		39

Column 1　マイクロサージェリーセットをつくろう！ …… 40

第4章　鉗　子

はじめに		42
鉗子の構造		42
鉗子の種類		43
	止血鉗子	43
	組織把持鉗子	46
	そのほかの鉗子	46
鉗子の持ち方		49
鉗子の使い方		49

第5章　持針器（把針器、Needleholder）

はじめに		54
持針器の種類		54
持針器の持ち方		56
持針器の使い方		57
	縫合針の選択	59

第6章　リトラクター（開創器、鈎、Retractor）

はじめに	64
リトラクターの種類と使い方	64

第7章　電気手術器

はじめに	72

電気メス	72
電気メスの歴史	72
電気メスの原理	73
電気メス本体の役割	73
モノポーラ型電気メス	74
モードについて	74
メス先電極の種類と用途	76
対極板について	76
バイポーラ型電気メス	77
バイポーラピンセットの種類と用途	78
フットスイッチについて	78
電気メスの持ち方	79
ベッセル・シーリング・システム	79
電気手術器による止血	80
モノポーラ型電気メスによる止血	80
バイポーラ型電気メスによる止血	82
電気手術器による切開法	82
組織のインピーダンスについて	83
電気手術器の有害事象	84

Column　2　FUSE資格について　85

第8章　超音波凝固切開装置

はじめに	88
原　理	88
使用法	89
注意点	91
キャビテーション	91
ミスト	91
機器の違いについて	91

第9章　超音波吸引装置

- はじめに ·· 96
- 原理と機能 ·· 96
  - 洗浄と吸引 ·· 96
  - 組織破砕力 ·· 97
  - 組織選択性 ·· 97
- 使い方 ·· 98
- 取り扱い ·· 100
  - 組み立て方 ·· 100
  - 出　力 ··· 101
- 使用例 ·· 101
  - 肝臓腫瘍摘出における使用 ······························ 102
  - 胆嚢摘出における使用 ···································· 102

第10章　内視鏡手術器

- はじめに ·· 104
- 機器の紹介 ·· 104
  - テレスコープ（硬性鏡） ·································· 104
  - ビデオカメラ装置 ·· 105
  - 光源装置、ライトケーブル ······························ 106
  - 気腹装置 ·· 107
  - トロッカー ·· 109
  - 鉗　子 ··· 109
- 内視鏡外科手術におけるポート設置の基本ルール ············ 110
- 内視鏡外科手術におけるカメラ助手 ································ 113
  - カメラ助手の基本技術 ···································· 113
- 適応手術 ··· 113

Column　3　IVRについて ·· 114

- 索　引 ·· 115
- 監修者プロフィール／執筆者プロフィール ······················· 119

本書の使い方

- 本書は、公益社団法人 日本獣医学会の「疾患名用語集」にもとづき疾患名を表記していますが、一部そうでない場合もあります。

- 臨床の現場で使用される用語の表現については基本的に執筆者の原稿を活かしています。

- 本書に記載されている薬品・器具・機材の使用にあたっては、添付文書（能書）や商品説明書をご確認ください。

【動画について】

- 動画でわかる マークのついている図版は、動画と連動しています。URLを打ち込んでいただくか、QRコードを読みとっていただき、動画をご視聴ください。

【本書における手指の名称】

- 本書では人医療での呼び方に合わせて、手指の名称を、手掌、母指、示指、中指、環指、小指としています。
（しゅしょう　ぼし　じし　ちゅうし　かんし　しょうし）

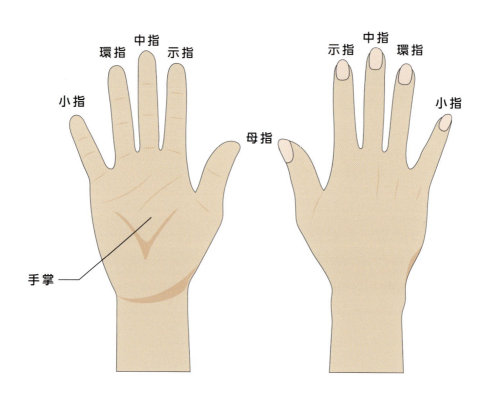

第1章

外科用メス

外科用メス

はじめに

　外科用メスとは、外科手術や解剖に用いられるとても鋭利な刃物であると定義されている。メスはオランダ語のナイフの意味であるmesに由来し、英語ではスカルペル（Scalpel）と呼ばれる。

　外科用メスの構造は刃と柄に分けられる。ひと昔前は、刃と柄が一体型のステンレススチール製のメスが主流であったが、使用していると切れ味が悪くなり、使用後にも研磨が必要となるため、現在は刃と柄が分離していて刃を随時取り替えることができる替刃式（図1-1）や、一体型ではあるものの使い捨てが可能なディスポーザブル式（図1-2）が多用されている。替刃式の場合、柄はホルダー（ハンドル）とも呼ばれ、刃の種類によってハンドルも切り替えるようになる。

　また、最近ではディスポーザブル式には安全カバーがついており、誤刺事故防止や安全な廃棄に配慮したタイプも販売されている。

　外科用メスはフェザー安全剃刀や日本ベクトン・ディッキンソン（バード・パーカー・ブレード）、カイインダストリーズなどのメーカーにより販売されているが、筆者はフェザー安全剃刀のものを使用している。替刃の素材はカーボン（炭素鋼）とステンレススチール（図1-3）の2種類が用いられているが、日本国内においてはステンレススチール製のものが90％以上を占めている。この両者の違いはおもに硬さであり、ステンレススチール製のほうがしなやかであり、操作性に優れている。一方で、カーボン製は硬く破損しやすいものの、手に感触が伝わりやすいという特徴を備えている。

図1-1　替刃式メスハンドル
メス刃を選択し、メスハンドルの先端に刃を装着して使用する。

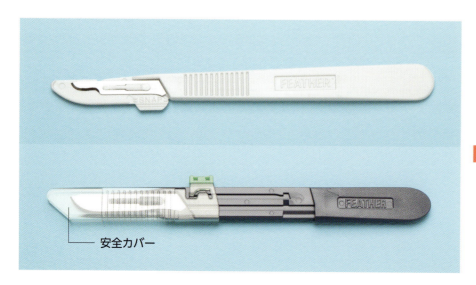

図1-2　ディスポーザブル式メス
下側が安全カバーのついたディスポーザブル式メスである。すでに刃がついた状態で滅菌されており、すぐに使用できる。刃と柄が一体型となっている。

| 図 1-3 | 替刃の素材 |

カーボン製（上側）とステンレススチール製（下側）の替刃の比較。
使用する術者の好みで選択されることが多い。
※カーボン製のメス刃について、写真では光の加減で青く見えるが、実際には灰色～黒色に見える。

| 図 1-4 | メス刃の形状 |

円刃刀（上側）と尖刃刀（下側）に分類される。対象となる部位、臓器によりメス刃を選択する。

外科用メスの使い方

メスの種類

　メスは刃の形状によって、大きく円刃刀（えんじんとう）と尖刃刀（せんじんとう）に分類される（図1-4）。円刃刀はおもに皮膚切開時に用いられ、尖刃刀は穿刺切開や管腔構造物の切開や切離に用いられる。円刃刀および尖刃刀ともに大きさや形態によって英国規格に準じた番号がつけられており、通常は番号で認識している。また、メスハンドルにも番号がつけられており替刃の番号と関連づけられている（図1-5）。替刃が10番台のものはメスハンドルのNo.3に、20番台のものはNo.4に装着することができる。

　動物のサイズや皮膚切開の程度によって、円刃刀の種類を変える必要がある。大型犬に対してはNo.20の円刃刀を、中型犬や小型犬、猫でも大きなサイズであればNo.10の円刃刀を、トイ犬種や超小型犬、一般的なサイズの猫に対してはNo.15の小円刃刀を用いる。また、小さな皮膚切開であれば大きなサイズの動物に対してもNo.10やNo.15が用いられる。

		番号	種類	メスハンドル
	★	No.10	円刃刀	No.3
	★	No.11	尖刃刀	
		No.12	弯刃刀	
		No.14	円刃刀	
	★	No.15	小円刃刀	
	★	No.20	円刃刀	No.4
		No.21	円刃刀	
		No.22	円刃刀	
		No.23	円刃刀	
		No.24	円刃刀	

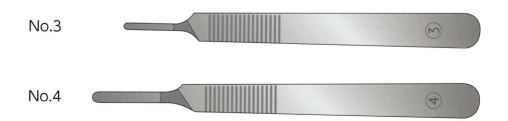

No.3

No.4

図 1-5　メスハンドルと替刃メス
★印は小動物臨床でよく使われるもの。
No.3のハンドルには小さめの刃が、No.4には大きめの刃が適合する。手術用器具セットの中にメスハンドルを2本入れておけば、それぞれ円刃刀、尖刃刀を装着することでメス刃の交換をしなくて済む。

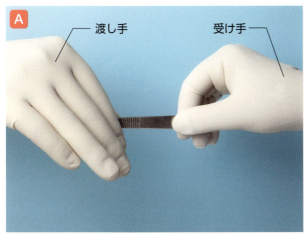
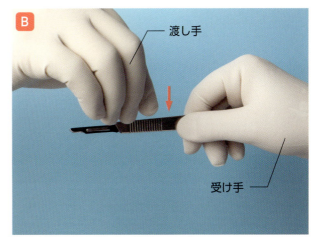

渡し手は刃腹を下に向け手掌で包み込むようにする。このとき、メス刃は相手に向けないこと。

図1-6 外科用メスの受け渡し

受け手はメスハンドルを少しだけ下ろしてから抜き取るように受け取る。

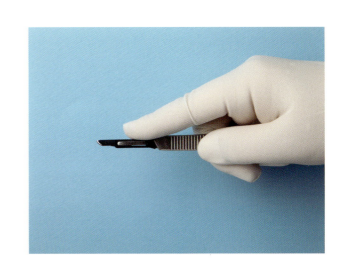

図1-7 テーブル・ナイフ・グリップ
力を加えやすいという利点があるが、刃と手、手首が固定されやや操作性に劣る。

外科用メスの受け渡し

　外科用メスを受け渡す際に留意すべきことは、渡し手と受け手が怪我をしないようにすることである。出したばかりの新品のメス刃はたいへん切れ味がよいので、ひとたび誤った方法で覚えてしまうと、手指を突き刺したり出血したり事故が発生することになる。

　具体的には、渡し手は刃腹を下に向けて手掌で包み込むようにし、メス刃の根元に近い部分のハンドルを把持する（図1-6-A）。次に、メス刃を相手に向けないようにしながら、ハンドルを受け手に向けて差し出す。受け手は差し出されたハンドルのメス刃から遠い部分を握り、少しだけ下ろしてから抜き取るように受け取る（図1-6-B）。受け手がハンドルを下ろさずそのまま抜き取ると、渡し手の手指を傷つける危険性があるために注意が必要となる。

外科用メスの持ち方

　外科用メスの持ち方には、テーブル・ナイフ・グリップ（図1-7）、ヴァイオリン・ボウ・グリップ（弾弦法）（図1-8）、ペンシルグリップ（執筆法）（図1-9）などがある。一般的に円刃刀を用いる際にはテーブル・ナイフ・グリップかヴァイオリン・ボウ・グリップが適しており、尖刃刀や小円刃刀を用いる際にはペンシルグリップが適している。しかし、円刃刀であっても、短い皮膚切開に対してはペンシルグリップで持ち、手を皮膚上でスライドさせるようにして切開していく方法もとられる。

テーブル・ナイフ・グリップ（図1-7）

　文字どおり食卓で洋食ナイフを持つようにして示指を刃の背に添える持ち方である。力を加えやすく安定

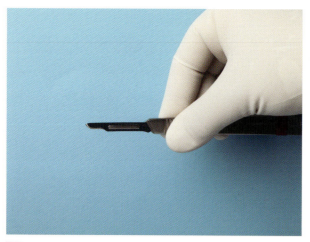

図1-8 ヴァイオリン・ボウ・グリップ
刃と手、手首が使いやすく、長い皮膚切開や曲がった皮膚切開に向いているという利点があるが、やや力が入りづらいのが欠点である。

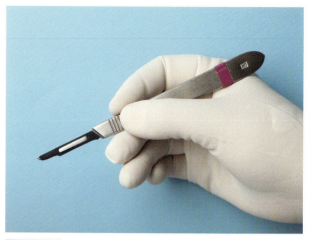

図1-9 ペンシルグリップ
その名のとおり、鉛筆の持ち方と似ている。細かい切開に向いており、正確性が高い。小指球を手術部位に乗せて密着させて手指の動きを安定化させながら切開することもできる。

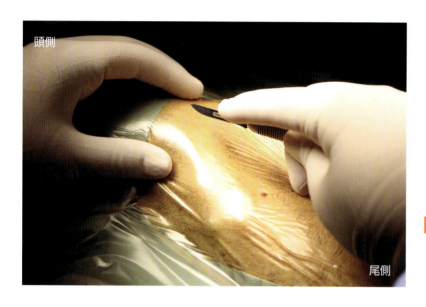

図1-10 皮膚切開
動物の頭は左側であり保定は仰向けで、術者は動物の右側に立っている。術者が右手でメスを持ち、頭側から尾側にかけて皮膚切開を行うところ。

して皮膚切開できるものの、刃と手および手首が固定されてしまうため、やや操作性に劣る。しかし、動物の皮膚はヒトと比較して厚く可動性に富むため、このグリップは好んで用いられる持ち方である。

ヴァイオリン・ボウ・グリップ（図1-8）

ヴァイオリンの弓を持つような持ち方であり、刃と手および手首とが比較的柔軟であり、長い皮膚切開や曲がった皮膚切開に適している。しかし、テーブル・ナイフ・グリップと比較すると力が入らず、1回の皮膚切開で皮下組織まで到達せずに、切開を繰り返してしまうケースもある。

ペンシルグリップ（図1-9）

鉛筆を持つような持ち方であり、尖刃刀（No.11）や小円刃刀（No.15）を使用する場合、その尖端を使う切開に適している。前述の2種類の持ち方と比較して細かい切開を行うことができ、正確性が高いため、小動物臨床の現場では比較的よく用いられる持ち方である。

皮膚切開法

メスによる皮膚切開を行う場合には、右利きの術者の場合は左から右に向かって切開し（図1-10）、左利きの術者の場合は右から左に向かって切開する。また、前後方向に動かす場合は後方から手前に向かってメスを進めるようにするが、場合によっては手前から後方に向かってメスを進めることもある。1回の皮膚切開で皮下組織まで到達することが理想的であり、何度も

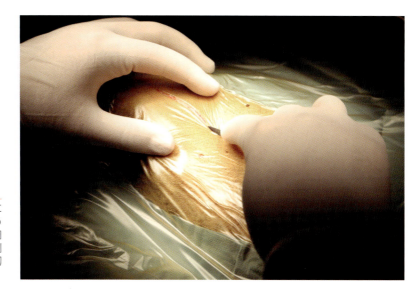

図1-11 カウンタートラクション
切開の際、左手は皮膚に対して均等に張力をかけながら固定する。このように左手でカウンタートラクションを加えることで、メスを持つ右手では過剰に力を加える必要がなく、無理なく切開できる。

　同じところを切開するようであれば切開ラインが二重に形成され切開線が不規則になってしまうことになり、術後の仕上がりに影響を及ぼすこととなる。

　通常、円刃刀（No.10やNo.20）あるいは小円刃刀（No.15）で皮膚切開を行うが、刃腹で切開を行うようにすると1回の皮膚切開で十分な深さに到達できる。刃先で切開をはじめると切開の深さが不均一となりやすく何度も同じラインで切開を繰り返すことになる。

　皮下を切開する場合、利き手とは反対側の手指の使い方が重要である。動物では皮下組織がルーズであり皮膚が動きやすいため、皮膚を固定しながら切開する必要がある。右手でメスを持つ場合、左手で必ず皮膚にカウンタートラクション[※1]を加えて固定することが、うまく皮膚切開するコツである（図1-11）。メスの刃は皮膚に対して垂直にあてがわなければ、皮膚が斜めに切開されてしまうことになる。また、その際にカウンタートラクションの牽引力が均等でない場合も、皮膚が斜めに切開されてしまう原因となる。皮内が斜めに切開されてしまうと皮膚縫合を行う際にどうしても段差ができてしまうため、皮膚の接着や仕上がりが悪くなってしまうことがある。

　尖刃刀（No.11）や小円刃刀（No.15）を用いて小さな皮膚切開を施す場合にはペンシルグリップで把持するが手首を動かさずに示指の第一および第二関節と母指の第一関節を曲げることによって切開するようにする。手首が安定しない場合は、小指を伸ばして動物の体壁に固定するようにすれば安定した切開を行うことができる（図1-12）。長い距離の皮膚切開を行う場合にもペンシルグリップを応用することは可能であるが、その場合は指を固定しておき、皮膚上で小指の側面を滑らせるようにして切開を行えばよい。

※1 カウンタートラクションとは、生体や組織の切開・剥離する部位に対して、適切な緊張を与える手術手技のことである。

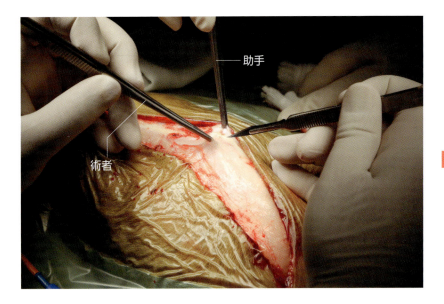

図1-12	腹壁への穿刺切開

安定した切開を行うため、小指を伸ばして動物の体壁に固定している。また、術者と助手がそれぞれ鑷子を持ち協力して腹壁を持ち上げている。このように腹壁をつまみ上げて腹膜直下に腸管や腹腔内臓器などが接していない状態にしてから、尖刃刀の刃を上に向けて穿刺切開を行う。

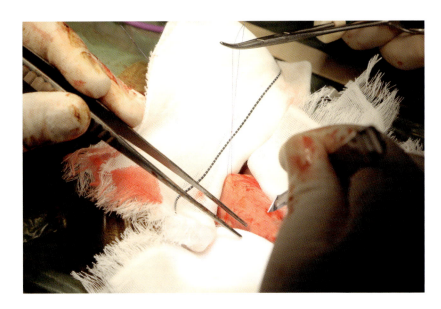

図1-13	膀胱への穿刺切開

図1-12と同様に、腹腔内臓器と接していない状態になるように膀胱を支持糸でしっかりと牽引する。これも尖刃刀の刃を上に向けて穿刺切開を行うとより安全である。

皮膚以外の切開

　開腹の際に、白線を露出後、両脇を鑷子（ピンセット）で持ち上げておき尖刃刀（No.11）の刃腹を上に向けて穿刺し、上方に向かって切開を行うことで、正中付近の腹部臓器や組織を損傷することなく、開腹することができる。また膀胱や胃腸管などを切開する場合には、支持糸などで周囲を牽引した後同様に尖刃刀を用いて穿刺切開する（図1-13）。そのほかにも尖刃刀は血管の切開や切断、卵巣子宮摘出時の子宮断端の切断など、さまざまな用途に応用できる。

Tips

皮膚の切開が終了した後、メス刃は滅菌状態から消毒状態にグレードが下がる。したがって、さらにその下の皮下組織を切開し別の目的でメスを使用する場合は、刃を交換しなければならない。

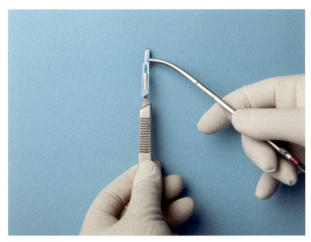

図1-14　メス刃の装着
替刃の穴にハンドルの先端を差し入れ、そのまま鉗子を押し下げるようにして装着する。

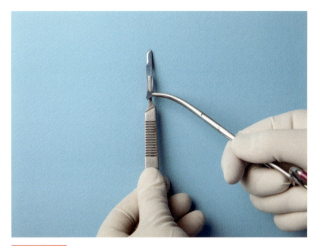

図1-15　メス刃の取り外し
まれに交換時に誤ってメス刃が飛んでいくことがあるため、刃先は人のいる方向に向けないこと。鉗子でメス刃の根元が持ち上げられれば簡単に取り外すことができる。

メス刃の脱着方法（替刃式）

メス刃の脱着は手指を怪我しないよう鉗子などの器具を用いて行う。直接手指で刃を交換すると、誤って手指を損傷してしまう危険性がある。

装　着

替刃の装着時には、左手でハンドルを握り、右手で鉗子を持つ。右手の鉗子で替刃の穴よりも先端側でかつ刀背を把持し、やや斜めにして替刃の穴にハンドルの先端を差し入れ、そのまま鉗子を押し下げるようにして装着する（図1-14）。このとき、モスキート鉗子でメスの刃腹を把持しないように注意する。メスの刃腹を鉗子で把持すると、刃こぼれを起こす可能性がある。

取り外し

メス刃を取り外す場合には、刃先を他人に向けないように注意する必要がある。このことに注意しながら、装着時と同様にハンドルと鉗子を持ち、鉗子の先端でメス刃の根元を持ち上げる。それと同時にハンドルを押し下げ、メス刃の穴を通して抜き取るようにして外す（図1-15）。また、メス刃の脱着を安全に行えるブレイド・リムーバーやブレイド・プライヤーなども販売されている。

第2章

剪 刀

剪刀

はじめに

剪刀は切離（切る）と剥離（分ける）の2つの動作を行うことができるため、手術において比較的使用頻度の高い手術器具である。剪刀で切る、とは刃と刃が移動しながら接触することによって行われる動作である。刃は向かい合わせのセットになっており、接合されているためこの動きがうまくいかないと切る行為にならず、単に組織を噛み砕く行為となってしまう。また、対象となる組織に対して適切な剪刀を選択することは組織の保護だけでなく器具を長持ちさせるためのコツでもある。

剪刀の操作に習熟しておくことは、手術をより正確かつ素早く実施することにつながる。剪刀は多くの種類が開発されて市販されているが、ここではおもに小動物臨床現場で多用される剪刀について紹介する。

剪刀の構造と種類

剪刀は使用する目的や部位によりさまざまな種類があるが、基本的な構造は同じである。しかしながら、おもに用途や術者の好みによって使い分けられている。剪刀は2枚のパーツがねじ止め（Screw lock）によって合わさっている。各パーツは先端から刃（Blade）、柄（Shank）、輪（Ring）と呼ばれる（図2-1）。

一般外科に使用される剪刀の特徴を種類とともに表2-1に示す。

おもに外科剪刀（図2-2）、メイヨー剪刀（図2-3）、クーパー剪刀（図2-4）、メッツェンバウム剪刀（図2-5）、フリーマン剪刀（図2-6）、マイクロ剪刀（図2-7）、ワイヤー剪刀（図2-8）などが挙げられる。

剪刀にはさまざまな形状、長さ、重さのものがある。剪刀の刃は構造のなかで最も重要であり、その使い方によって切離と剥離の両方を行うことができる。

繊細な刃をもつ剪刀は、手術中のここぞ、というときのために使い分けることが推奨される。はさみとしての切れが悪くならないように常に時と場合を選んで使用することが大切である。

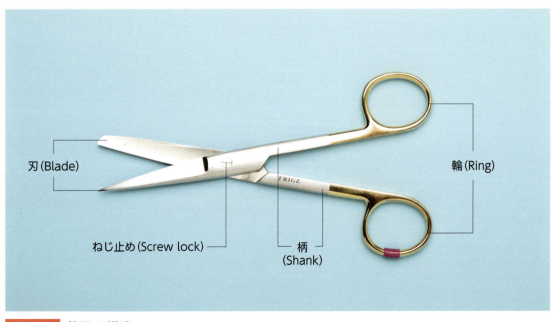

図 2-1 剪刀の構造
通常、メスを使用する際は左から右へ組織を切開するが、剪刀を使用する際は右から左へ切開する（術者が右利きの場合）。

表 2-1　おもな剪刀の用途

	使用する対象	刃の形状
外科剪刀	縫合糸やガーゼなど	鈍と尖
メイヨー剪刀	組織の切断や剥離、硬い組織の切断にも耐え得る	先端は丸い、やや厚みがある
クーパー剪刀	組織の切断や剥離、硬い組織の切断にも耐え得る	先端は丸い、やや厚みがある、メイヨーより幅広
メッツェンバウム剪刀	微細な組織の切断や剥離、軟らかい組織や臓器	刃が薄い
フリーマン剪刀	幅が狭く距離のないところの微細な構造の切断	先端が薄くなっており、繊細な構造をしている
マイクロ剪刀	微小な血管や組織の切断	カストロビエホ型
ワイヤー剪刀	ワイヤーの切断	短くて厚みがある

外科剪刀（図2-2）

　外科剪刀はおもに縫合糸やガーゼなどを切断することに用いられる。

　縫合糸の切断には先端が鈍になっている外科剪刀が用いられる。縫合糸を切断する場合には、刃の幅を目安にして切断するとよい。また、縫合糸を切断する際に左手が使える場合には、剪刀に左手を添えることで刃先を安定化することができる。

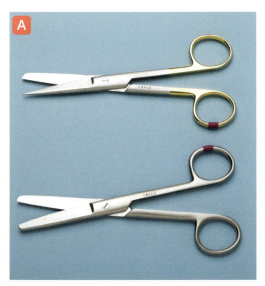

外科剪刀の先端にはこのような種類がある。写真上側は片側の刃が尖っており細いが、写真下側は両方の刃が鈍になっている。きつく締まった縫合糸など、小さな部位を切断するときは尖った刃のある剪刀が便利である。

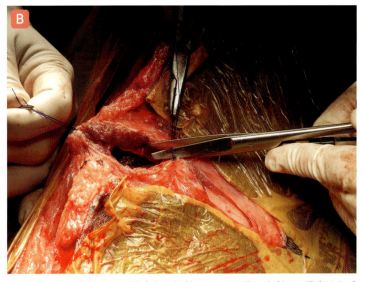

剪刀の刃の幅を目安にして縫合糸を切断する。その際に右利きの場合は左手を柄に添えて安定させ、誤ったところを切らないように注意する。

図 2-2　外科剪刀

メイヨー剪刀（図2-3）、クーパー剪刀（図2-4）

　メイヨー剪刀やクーパー剪刀は組織の切断のみならず組織を剥離する目的でも使用される。両方とも先端は丸みを帯びているため剪刀の先端部分で組織を必要以上に傷つけないように工夫されている。メイヨー剪刀のほうがクーパー剪刀よりも刃の幅が狭く、より小さな動物に適している。そのため、メイヨー剪刀のほうがより小動物臨床では汎用性が高いと思われる。メイヨー剪刀もクーパー剪刀も刃は厚みがあるため、筋膜や腱・靭帯など比較的硬い組織を切断することも可能である。縫合糸やガーゼなどもこれらで切断することもあるが、筆者はできるだけ外科剪刀と使い分けるようにしている。

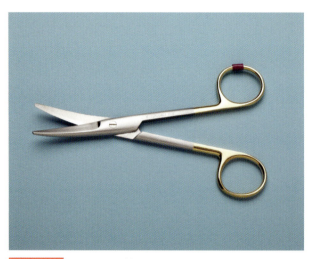

図 2-3　メイヨー剪刀
硬い組織の切断にも耐え得るが、何にでも使用していればすぐに切れなくなったり、刃こぼれを起こしたりするため、用途を分けて使用するように注意する。

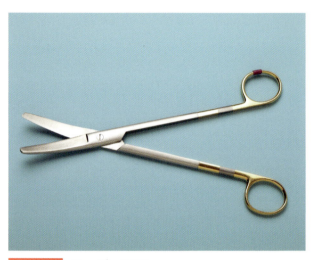

図 2-4　クーパー剪刀
メイヨー剪刀よりも大きいので対象となる動物が大きい場合に用いることが多い。

メッツェンバウム剪刀（図2-5）

　メッツェンバウム剪刀はメイヨー剪刀よりもさらに先端が細く刃も薄く、より微細な切断や剥離に適している。メッツェンバウム剪刀は軟らかい組織や臓器を剥離する際に使用し、硬い組織を切断・剥離する際には用いない。ただし、開胸術や開腹術の手術中において、深い場所で術野が制限されるようなところで縫合糸を安全かつ正確に切断するために、やむを得ずメッツェンバウム剪刀を用いることもある。この場合に用いるメッツェンバウム剪刀は縫合糸切断専用として準備しておく。

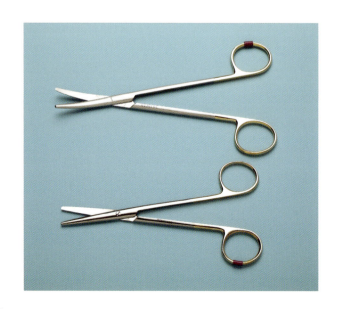

図 2-5　メッツェンバウム剪刀
刃が薄く繊細な構造のため、軟らかい組織や臓器の切断に適している。

フリーマン剪刀（図2-6）

　フリーマン剪刀は刃の先端が薄くなっており繊細な構造をしているため、例えば、幅が狭く距離のないところの組織を切断する場合に便利である。誤って縫合糸などを切断しないように注意して使用する。

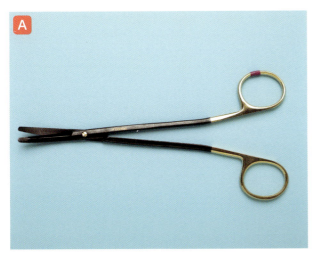

刃の先端がかなり薄くなっているので重要な血管の切断などに適しているが、刃こぼれを起こしたり折れたりしないように滅菌や準備の際にも注意する。

刃の先端が薄くなっている。

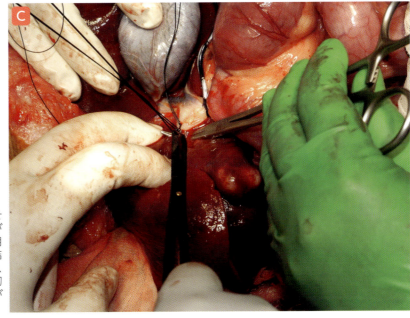

結紮した黒い糸と糸の間の組織を切断したいが、その糸の間の距離がほとんどないため、結紮した糸が外れないように注意しながらフリーマン剪刀を用いて少しずつ切断しているところ（糸が外れたら結紮した組織から出血してしまうため）。切断する際、下に直角鉗子を入れることでその背側の組織を切らずに済み、目的とする組織だけを切断することができる。

図 2-6　フリーマン剪刀

マイクロ剪刀（図2-7）

　マイクロ剪刀は再建が必要な血管を切開する場合や、眼科などのかなり細かい手術の際に用いることができる。通常はカストロビエホ型となっており、ペンシルグリップで使用する。

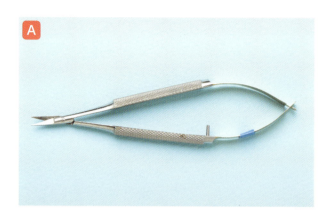

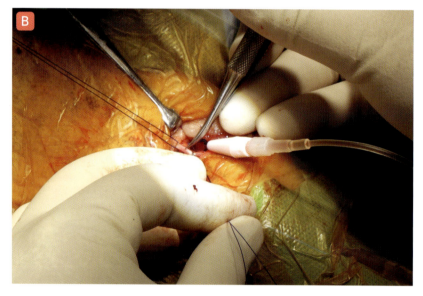

マイクロ剪刀を用いて大腿動脈に切開を加えるところ。切開後にカテーテルを挿入して観血的動静脈圧測定のための手技を行っている。このように細い血管に対し必要なぶんだけ切開を加える際にマイクロ剪刀のような精密な剪刀が適している。

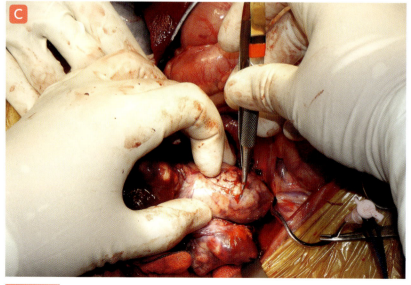

ガッチリと詰まった後大静脈の腫瘍栓を摘出するために後大静脈を慎重に切開しているところ。できるだけ小さな切開で済むよう、少しずつ切断端の位置を確認しながら切開する必要があるため、マイクロ剪刀を使っている。

図2-7　マイクロ剪刀

ワイヤー剪刀（図2-8）

ワイヤー縫合糸を切断する際に使用する。

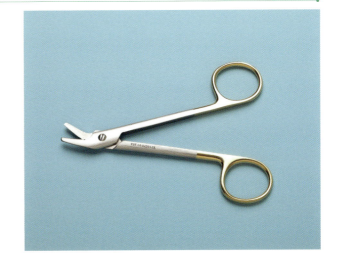

図 2-8　ワイヤー剪刀

図 2-9　サム・リング・フィンガー・グリップ
母指と環指を剪刀の輪に通して、示指はねじ止めに添える持ち方。

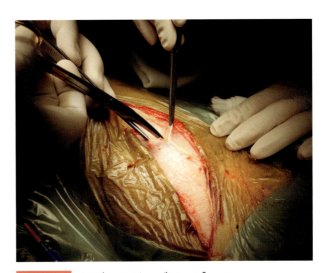

図 2-10　リバースド・グリップ
手首を返して切断を進めている。

剪刀の持ち方

通常、剪刀は右手で持って操作する。母指と環指を剪刀の輪に通し示指を軽くねじ止めにあてがうようにして持つサム・リング・フィンガー・グリップが最も一般的に用いられる（図2-9）。

メスとは異なり剪刀で組織を切断する場合は右から左に向かって進めていく。逆に左から右に切断を進めなければならない場合は、手首を返して進めていくようにするリバースド・グリップ（図2-10）を用いる。あるいは、母指と示指を剪刀の輪に通すようにして持つサム・インデックス・フィンガー・グリップを用いても、同様に左から右に切断することができる。より角度をつけたければ、母指と中指を使用して切断することもできる（図2-11）。曲の剪刀を操作する場合は基本的に曲がりのついたほうを手掌とは反対側（手の甲側）に沿って持つようにする（図2-12）。そうすることで手の曲がりがそのまま剪刀の曲がりにつながり操作しやすくなる。

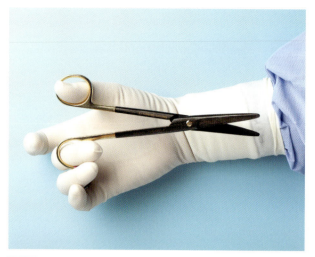

| 図 2-11 | サム・インデックス・フィンガー・グリップ |

サム・インデックス・フィンガー・グリップは通常母指と示指を剪刀の輪に通すが、このように示指でなく中指を輪に通す場合もある。

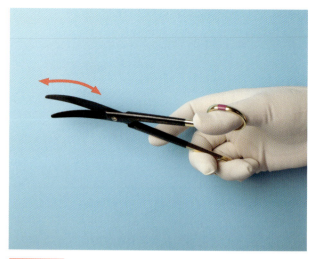

| 図 2-12 | 曲の剪刀を操作する場合 |

曲のカーブ（↔）と手の甲が同側となる向きで操作する。

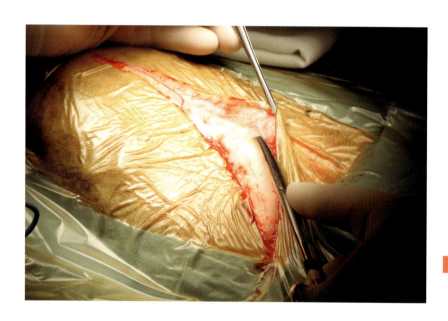

| 図 2-13 | 皮下組織の剥離 |

白線を中心に皮下組織を鈍性剥離しているところ。

剪刀の使い方

　組織を切断する際に、最初に対象とする組織を剥離しておくことがある。これはHilton's maneuverと呼ばれる方法であり、とくに皮下組織を剥離していく際に有用である。

　メイヨー剪刀あるいはクーパー剪刀の先端を閉じたまま剥離したい組織の下に差し込み先端を広げることで組織を分割していく（図2-13）。そうすることで剪刀を用いた鈍性剥離が行われる。剥離が完了したら刃を広げて組織を挟み、切断していく。

　この方法は体腔内の癒着を剥がす場合にも有効である。腹壁を切断する際、腹腔内臓器が癒着している場合は、外科用メスで切開していくと癒着した臓器や組織が損傷を受けたり、余計な血管を切断したりしてしまう可能性がある。そのような場合は、穿刺切開した後にメイヨー剪刀やクーパー剪刀を閉じたまま腹腔内に差し込み、切断予定の腹壁の下を沿わせるように進めて癒着がないことを確認する。たとえ癒着があったとしても、この操作で剥がすことができる。

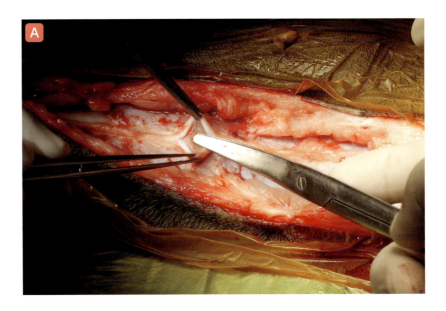

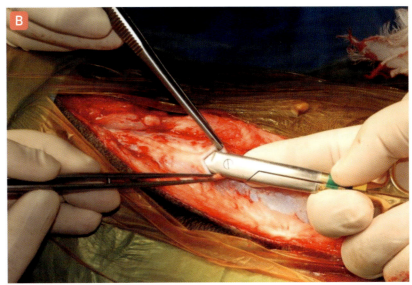

<u>図 2-14</u> 腹壁の穿刺切開後の剪刀の使い方①

曲のメイヨー剪刀を用いてその曲がりを腹壁側に向けて押し進めるようにする。これにより腹腔内の臓器や組織を損傷することなく腹壁側にスペースができ、安心して切開することができる。まれに手術歴などにより腹壁に臓器が癒着していることがあるので、手術前に病歴を確認しておく。

　筆者は曲の剪刀を用いることが多く、曲がりを腹壁（上）側に向けて押し進めることで、下の臓器や組織を損傷することなく、スペースを確保できる（図2-14）。その後、剪刀を引き抜いて刃を広げ、作製したトンネルに片方の刃を入れて開腹していく（図2-15）。

　この方法は筋肉を鋭性に切断する場合にも適用でき、皮下組織や筋肉に発生した腫瘍を摘出する際に有効である。最初に剪刀を差し込んでおくことで、トンネルの形成と同時に皮下にある重要な構造物を避けて、安全に切断することができる。

　また、後述するが電気メスで切開する場合においても有効であり、切断予定の組織の下に剪刀を閉じたまま差し込み、剪刀を持ち上げながら電気メスで切開していくことによって、電気メスによる切開が意図した以上に深くなることを防止できる（図2-16）。腹壁から皮下の組織や脂肪を剥がす場合には、剪刀の刃を動かさずに押し切るような形で剥離していくと、きれいに分離することができる。そのほか、腹壁や筋膜を切開する場合にも応用できる。

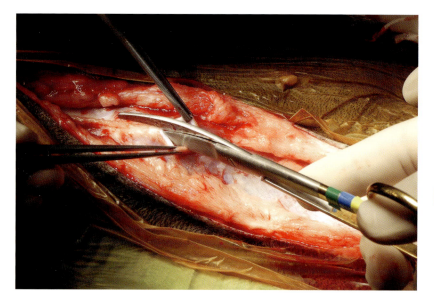

図 2-15 腹壁の穿刺切開後の剪刀の使い方②

腹壁の下のスペースが確保できたところで剪刀を引き抜き、刃を広げて作製したトンネル部分に片方の刃を入れて剪刀を進め、開腹していく。

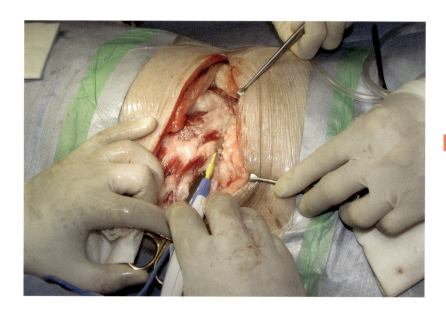

図 2-16 剪刀のそのほかの使い方

肋間開胸術を行っているところ。このときに切断予定の筋肉の下にメイヨー剪刀を閉じたまま挿入し、その剪刀を持ち上げながらモノポーラ型電気メスで切開している。このように剪刀を土台にすることで電気メスで切開する位置がよりわかりやすくなる。この剪刀より下の筋肉や組織に損傷が加わることや、切開が意図した以上に深くなることを防ぐことができる。

第3章

鑷子
(ピンセット、Forceps)

鑷子（ピンセット、Forceps）

はじめに

鑷子は組織やガーゼ、縫合針などさまざまなものを手指の代わりに把持する手術器具であり、通常利き手と反対側の手で操作することにより、手術をリード・補助する役割がある。

鑷子の歴史は外科手術器具のなかでは最も古く、古代ギリシャ時代の遺跡からも発掘されている。古代より鑷子は、毛抜きや負傷兵の体から矢や槍先といった異物を取り除くために用いられており、現代のものと比較しても形態にさほど大きな変化はない。

ピンセットという語源は、フランス語の「Pincette（パンセット）」（軽く挟むもの）に由来しており、英語ではForcepsという単語で表記される。Forcepsという単語は、物を摘んで引き出す2本の棒からなる器具全般を指すため、鉗子も鑷子もともにForcepsと表現される。

鑷子の基本的構造は、脚部と基部に分かれている（図3-1）。脚部の先端には爪がついているものと爪がついていないものがあり、それらの形状によってさまざまな鑷子が用途に合わせて開発されている。ほかの手術器具と違い、鑷子は脚部先端で一時的に組織を把持する目的で使用されることが多いため、いわゆるロック（ラチェット）機能はついていない。鑷子には非常に多くの種類が存在するため、ここでは小動物臨床で多用される鑷子を中心に、基本的な構造や種類、用途について紹介する。

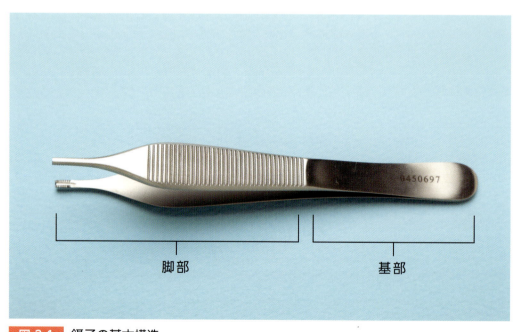

図 3-1　鑷子の基本構造

A
B

先端の拡大図

図 3-2　有鈎鑷子
図はアドソン鑷子の有鈎タイプ。

A
B

先端の拡大図

図 3-3　無鈎鑷子
図はアドソン鑷子の無鈎タイプ。

鑷子の種類と選択

鑷子は先端に爪がついている有鈎鑷子（図3-2）と爪がついていない無鈎鑷子（図3-3）に分類される。

有鈎鑷子

有鈎鑷子は、先端に爪があることにより組織の把持力が増す反面、組織を損傷しやすい。そのため、有鈎鑷子はおもに皮膚や筋層、靱帯など硬い組織を把持するときに使用する。

爪はスタンダードな1×2爪から、幅広い2×3爪のものもあり、細かな爪がついたスチーレバラヤ鑷子のよ

うなものもある（図3-4）。スチーレバラヤ鑷子は持ち手部分の脚部が細くて柔らかいのに対し、先端は幅広い設計になっており、さらに小さな爪が4本ついているため、力が分散されることになる。したがって、先端の爪一つひとつにかかる力も弱くなるため、把持力をある程度確保しながら、臓器や組織への損傷を減らすことができる。スチーレバラヤ鑷子は後述するドベーキー鑷子よりも把持力が欲しい場合に適しており、それほど強く力をかけなくても、組織をより確実に把持することができる。

有鈎鑷子のなかでも無外傷性（アトラウマチック）鑷子と呼ばれ、把持した際に組織損傷が少なくなるよ

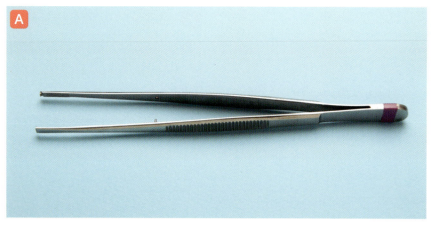

先端の拡大図

先端には小さな爪が4本ついているため1つの爪にかかる力が分散され、把持力はあるものの把持した組織への損傷は少なくなる。

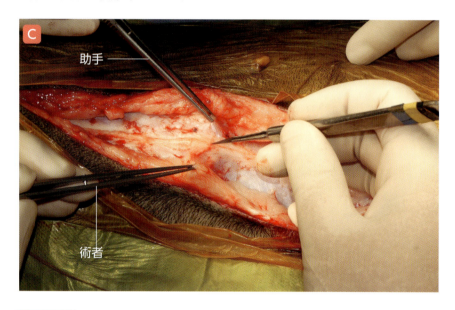

腹壁にNo.11のメス刃を用いて穿刺切開を行っているところ。
術者と助手がスチーレバラヤ鑷子で腹壁をしっかりと把持しながら切開することで、背側に存在する臓器も保護することができる。スチーレバラヤ鑷子の小さな爪で把持することで適度に腹壁を持ち上げることが可能となる。

図 3-4 スチーレバラヤ鑷子

うに設計されたものがあり、代表的なものにドベーキー鑷子がある（図3-5）。ドベーキー鑷子は血管を把持する際にも用いることができ、組織に損傷を与えることが少ない。しかし、ドベーキー鑷子であっても、力強く把持する場合には組織に損傷を与えることもあるため、目的に応じて把持の程度を調節しなければならない。

無鉤鑷子

一方で、無鉤鑷子は先端に爪がないため、組織を損傷しにくいが把持力が弱い。そのため、粘膜や血管、リンパ節などの軟らかい組織を把持する際に使用する。しかし、把持力が弱いからといって無鉤鑷子で強く組織を把持してしまうと、かえって組織を挫滅してしまう危険性があり、いずれの鑷子においても、組織を把持する際には十分注意が必要である。

無鉤鑷子で脆弱な腸などを把持した場合は、漿膜面に異常がみられなくても漿膜下に血腫を形成したり、のちに把持した部分の粘膜の脱落が起こったり筋層が薄くなることがある。

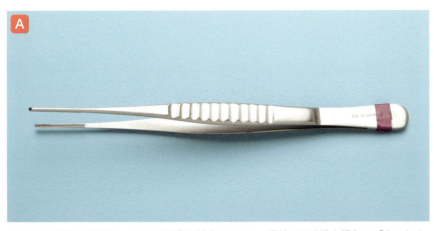

先端の拡大図

先端は細く繊細な構造をしており縦溝を形成している。把持した組織を損傷しづらいため、とくに血管外科分野でよく用いられている。

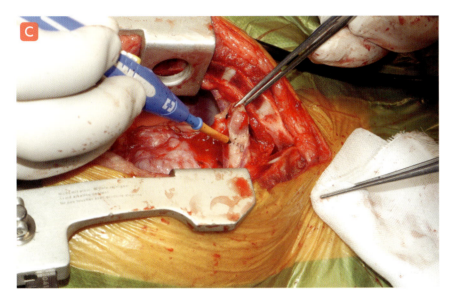

写真は胸骨正中切開により、胸腺腫を摘出しているところ。ドベーキー鑷子で縦隔をなるべく損傷しないように把持しながらモノポーラ型電気メスにて切除している。

図 3-5 ドベーキー鑷子

有鉤と無鉤がある鑷子

無鉤鑷子の場合でも先端には溝が切ってあり、横溝のスタンダードタイプと縦溝のオクスナータイプが存在する。

アドソン鑷子は有鉤（図3-2）と無鉤（図3-3）のものが存在する。一般的に外科用鑷子と比較して、アドソン鑷子は幅広い脚部にかかる力を細くなった先端の1点に伝えるため、かなり把持力が強くなる。

とくによく用いられるタイプにブラウンアドソン鑷子が挙げられ、先端に細かな爪がついており、一つひとつの爪に力が分散される（図3-6）。

しかし、ブラウンアドソン鑷子であったとしても把持力は強い。そのため、ブラウンアドソン鑷子は筋膜や腱など比較的硬い組織を把持するのに適しており、軟らかい臓器や組織を把持するのには不適である。

Tips

筆者は軟部組織外科手術をする場合にはドベーキー鑷子やスチーレバラヤ鑷子を多用し、硬い組織で把持力が要求される場合にはブラウンアドソン鑷子を用いている。

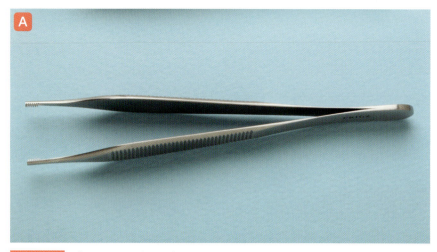
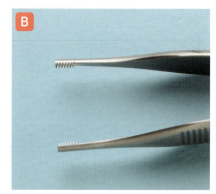

先端の拡大図

図 3-6　ブラウンアドソン鑷子

そのほかの鑷子

　組織を挫滅させずにより確実に把持できるように、先端部分にタングステン・カーバイト製の金属板で加工されたダイヤモンドチップが施された鑷子も開発されている（第5章で詳説）。これらは、通常の製品と区別するために鑷子の基部に金メッキが施されている（図3-7）。

　また、マイクロサージェリー用の鑷子（図3-8-A）では、より繊細な血管組織などを確実に把持するため、先端部分にタングステン・カーバイトの粉末を散りばめたダイヤモンドダストジョウと呼ばれる加工が施されたものも販売されている（図3-8-B）。これらの鑷子は、非常に細い縫合糸を把持する目的で使用されるので、面で把持できるように先端がプラットフォーム加工されているものもある。

　そのほかにも、同じ種類の鑷子でも先端の形状が直のものと曲のものが開発されており、それぞれ取り扱う組織の形態や局面に応じて選択される。そして、扱う組織の深さに応じて適切な長さの鑷子を選択する必要があり、胸腔内や腹腔内の深い臓器や組織を扱う場合には長い鑷子を選択する（図3-9）。

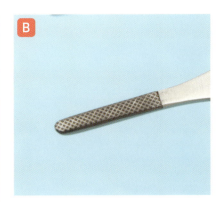

先端の拡大図

基部に金メッキが施されている。

図 3-7 先端部分にダイヤモンドチップが施されたアドソン鑷子

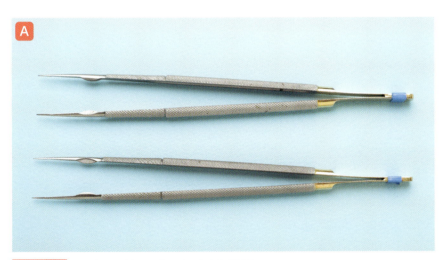

先端の拡大図

図 3-8 マイクロサージェリー用の鑷子

図 3-9 長い鑷子（ドベーキー鑷子）を使用しているところ

胸骨正中切開を行って胸腺腫の摘出をしている写真。このように胸腔の背側まで深い部分を手術する際は、長いドベーキー鑷子を選ぶとよい。短い鑷子の場合は、目的の部位まで届かないことがある。術者と助手で対になって使えるように2本セットで用意しておく。

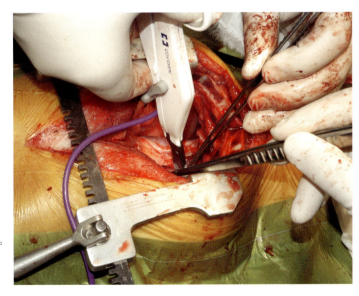

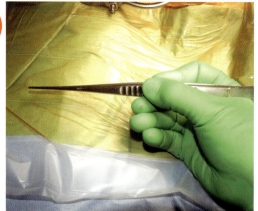

図 3-10　ペンシルグリップ

図 3-11　推奨しない持ち方
パームドグリップは操作性を大きく制限してしまうため、使用すべきではない。

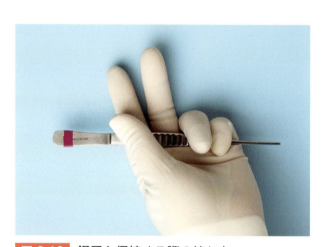

図 3-12　鑷子を保持する際の持ち方

鑷子の持ち方

　鑷子は、利き手と反対側の手で持つ場合、利き手に持つ剪刀や持針器などの操作を補助する。鑷子は鉛筆を握るように母指と示指の間に入れて保持するペンシルグリップで持つようにする（図3-10）。各々の脚部は母指と示指の延長であり、母指と示指で組織を把持するかのように鑷子を操作する。

　鑷子を手掌で握り込むパームドグリップは把持力が強くなるものの、操作性を大きく制限してしまうため使用すべきでない（図3-11）。この持ち方では繊細な組織の把持が手指に伝わらず、先端の動く角度に制限が加わってしまうだけでなく、とくに体腔の深い場所を掴む場合には、鑷子の先端に持ち手が被さってしまい先端が見えなくなってしまうため、必ずペンシルグリップで持って操作する。

　鑷子の使用を一時止める場合は鑷子の脚部を環指と小指で握り込んで保持しておくことができる（図3-12）。

　鑷子を使用したい場合にはすぐに持ち替えることで、結果的に手術時間の短縮にもつながる。保持している間、長い鑷子や先端が尖ったものの場合は、とくに組織を穿刺して損傷しないよう注意する。

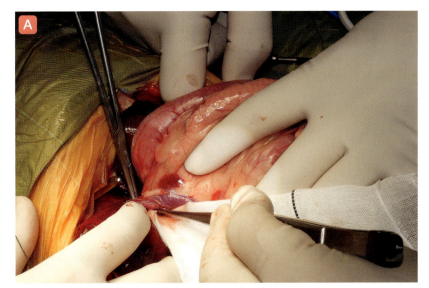

直角鉗子の先端を用いて血管の手前を分離する際、少しずつ鉗子先端をガーゼで擦ることで安全に分離しようと試みている。

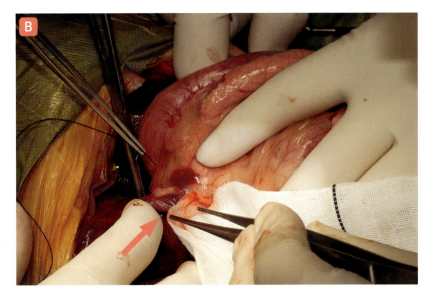

ガーゼによる鈍性剥離にて門脈と肝臓の分離が成功したため、露出した直角鉗子の先端（➔）に鑷子で掴んだ糸を渡そうとしているところ。

図 3-13　鑷子で把持したガーゼで門脈と肝臓の癒着を鈍性剥離しているところ

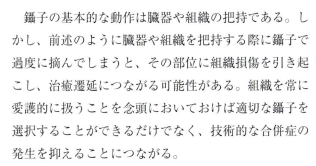

鑷子の使用方法

　鑷子の基本的な動作は臓器や組織の把持である。しかし、前述のように臓器や組織を把持する際に鑷子で過度に摘んでしまうと、その部位に組織損傷を引き起こし、治癒遷延につながる可能性がある。組織を常に愛護的に扱うことを念頭においておけば適切な鑷子を選択することができるだけでなく、技術的な合併症の発生を抑えることにつながる。

　鑷子は組織を把持するだけでなく、ガーゼを把持して組織を鈍性剥離する際にも応用できる（図3-13）。生理食塩液で浸したガーゼを把持し、穏やかに擦って癒着などを剥がすことができる。これは綿棒などを用いて剥離する方法と類似している。

　また、出血点を素早く押さえ電気メスで止血凝固する際にも有用である。腹壁を縫合する際に腹圧がかかり、腹腔内の大網や脂肪が脱出してしまう場合に鑷子の基部をヘラ代わりに使用することもできる。しかし、筆者が使用している鑷子には分類用のカラーテープが巻かれているため、ヘラ代わりの使用はあまり好ましくないと考え、木製の舌圧子を使用することが多い。

Column 1　マイクロサージェリー用セットをつくろう！

　マイクロサージェリーとは手術用ルーペや顕微鏡などを用いて微細な手術を行う技術のことであり、代表的な手術としては眼科領域、脳外科領域、血管外科領域などで応用され、これらの微細な手術には専用の器材が必要となる。

　筆者らの施設では、血管外科の手術用に以下のようなセットを作成し、いつでも緊急手術に備えられるよう常に滅菌し用意している。

　とくに血管の切開、吻合などを行ううえでこれらのセットは欠かせない。また獣医療においては尿管切開、吻合や総胆管閉塞などの手術でも同様にこれらのセットが活躍する。

　セットの中身にはカストロビエホ型の持針器、先端の細かい長い鑷子／短い鑷子（鑷子は2本で対になっていることが理想的）、マイクロ剪刀などが含まれる。マイクロ剪刀はとても繊細な組織の切断にも適しており、単独でも手術中に活躍することがある。

　カストロビエホ型の持針器はロックがついているタイプ、ロックがついていないタイプどちらも存在し、ロックがついているタイプが一般的である。ロックつきの特徴として、しっかりと針を把持できるものの、ロックを外すときに動作が大きくなり針穴が大きくなってしまう場合があるため、筆者はあまり使用していない。

　先端が鋭利で繊細であるため、取り扱いには十分な注意が必要である。写真のようなマットを敷いてケースに入れてガス滅菌を行うことにしている。これらのケースはオートクレーブ滅菌が可能なものが多く、一般的に器具を購入する際に同時に購入している。

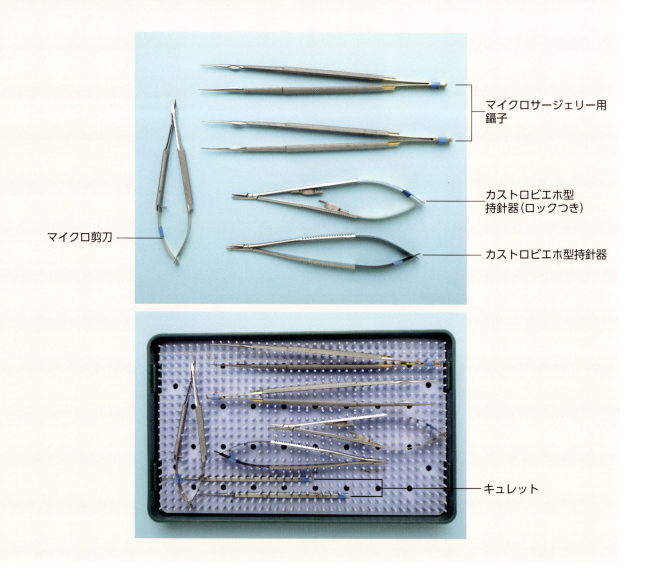

第4章

鉗　子

鉗子

はじめに

鉗子は「組織を摘む」目的で使用され、原型は「組ヤットコ」であるといわれている。鉗子は「摘む」対象となる組織・臓器や部位、あるいは使用される術野の領域によってさまざまなタイプが開発されており、一般的に止血鉗子、組織把持鉗子、腸鉗子、血管鉗子、タオル鉗子などに分類される。

鉗子の構造

鉗子の種類を区別する際、構造上最も特徴的なのは把持部と先端である。鉗子の構造は剪刀と似ているものの、基本的に組織を把持する部分である把持部（Jaw）、箱型関節（Boxlock）、柄（Shank）、輪（Ring）がある（図4-1）。また、剪刀とは大きく異なり、ラチェットと呼ばれる鉗子を固定する装置も備えつけられている。ラチェットは3段階の爪かけ式ストッパーであり、対象となる臓器や組織によって、どこまでラチェットを咬むかを区別している。

ラチェットは1つだけカチッと留めるだけで十分把持できるため、損傷を与えたくない場合にはそれ以上は咬み込まない。これはラチェットを最後まで咬み込むと、それだけ把持力は強くなるものの組織に与えるダメージは大きくなるためである。ラチェットは右前につけられているため、右手でうまく外れるようになっている。しかしながら、もし右利きなら左手で鉗子を外すのが理想的であるとされており、例えば手術の次の操作を考える場合、利き手の右手では剪刀を持って結紮糸を切る準備をする。このように両手の器具をうまく使いこなすと手術がスムーズに進む。もし右手で鉗子を外せば、外した鉗子を助手に渡すか、器具台に置いて、次に剪刀を持ってから切らねばならず、そのぶん時間がかかり手術がテンポよく進まなくなる。

左手で止血鉗子を外すときは、鉗子の輪の中に指を完全には入れずに、左手の母指と示指で一方の輪を摘

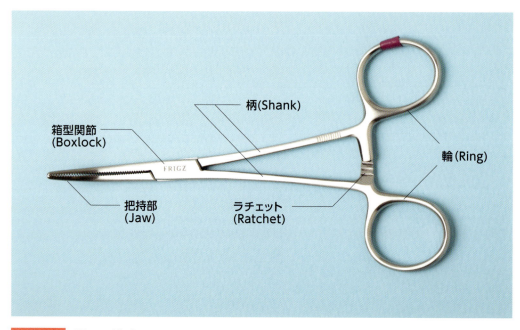

図4-1　鉗子の構造
ラチェットは3段階式になっている。対象となる組織に応じて段階的にラチェットを咬み込む。強く把持すると組織に与えるダメージが大きくなるため、ラチェットで調節する。

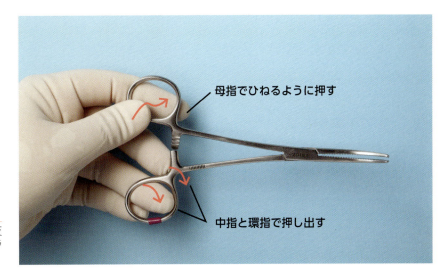

図4-2 左手での操作
指腹を用いてそれぞれの輪を反対方向に押し出すようにしてラチェットのロックを解除する。

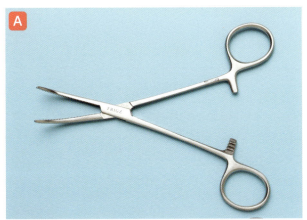

A ペアン鉗子

B コッヘル鉗子

図4-3 ペアン鉗子とコッヘル鉗子
ペアン鉗子、コッヘル鉗子ともに外科手術の際に用いる代表的な止血鉗子である。これら2つの鉗子はよく似ているが、図4-6で示すように先端の形状が異なる。

んで母指の指腹で輪を示指の方向へひねるように押すと同時に、中指と環指の指腹でもう一方の輪を反対方向へ押し出す（Snapping off method）（図4-2）。これによりラチェットのロックが解除され外れる。

またラチェットのロックはカチッと音がするのが目安になる。通常鉗子の受け渡しをするときには、ラチェットを1つだけ留めて、鉗子の先端を閉じてから相手に渡すとよい。

鉗子の種類

止血鉗子

止血鉗子にもいくつか種類があるが、一般的に使用する代表的なものとしてペアン鉗子（図4-3-A）、コッヘル鉗子（図4-3-B）、（ハルステッド）モスキート鉗子（図4-4）、ケリー鉗子（図4-5）などが挙げられる。これらは鉗子の開発者あるいははじめて使用した医師の名前がつけられており、剪刀や鉗子の名前の由来を調べることで外科の歴史を垣間見ることができる。

諸説はあるが、現在ではペアン鉗子とコッヘル鉗子の違いは爪の有無であり、無鉤のものはペアン鉗子、有鉤のものはコッヘル鉗子と呼ばれる（図4-6）。両者の違いをひと目で判別できるように、ペアン鉗子の柄には溝が切ってあることが多い（図4-7）。ペアン鉗子は爪がついていないぶん、コッヘル鉗子よりも組織に与えるダメージが少ない。一般的に、コッヘル鉗子、ペアン鉗子とも腱や筋膜など比較的硬い組織を把持し、ガーゼや縫合糸を把持する場合に用いられる。また、卵巣子宮摘出時や消化管切除時に、摘出される側の臓器の把持や鉗圧に用いることがある。

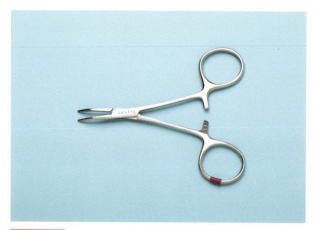

| 図4-4 | モスキート鉗子 |

写真は曲の無鉤モスキート鉗子であり、止血に適している。コッヘル鉗子やペアン鉗子と比べて小型で細い。

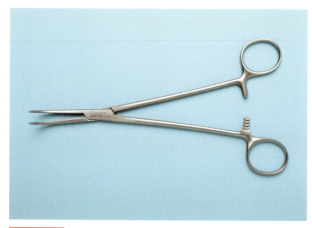

| 図4-5 | ケリー鉗子 |

ケリー鉗子はおもに組織の剥離に用いるが、止血にも用いることができる。先端の構造はペアン鉗子よりも細身で長いものが多い。先端のカーブはゆるやかである。

| 図4-6 | 先端の形状 |

無鉤のものをペアン（上段）、有鉤のものをコッヘル（下段）と呼ぶ。

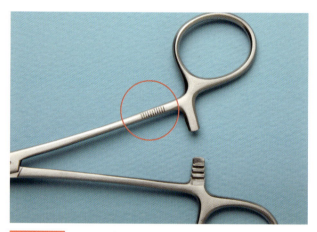

| 図4-7 | ペアン鉗子　柄の部分の溝 |

ペアン鉗子とコッヘル鉗子を区別するために写真のように溝のついているものがある。しかし、コッヘル鉗子で把持すると組織の損傷が大きくなるため、筆者はほとんど使用しておらず、器具セットにも含めていない。

　モスキート鉗子（図4-4）は、乳腺外科で有名なジョンズ・ホプキンス大学の外科教授であったハルステッド博士が考案し、ハルステッド・モスキート鉗子とも呼ばれる。モスキート鉗子はコッヘル鉗子やペアン鉗子と比較して小型で先端が細く、出血点をピンポイントで鉗圧できるようになっており、小動物臨床では非常に有効である。モスキート鉗子には有鉤と無鉤があり、有鉤のほうが把持力は強いものの、組織に与えるダメージは大きくなる。また、モスキート鉗子には把持部が弯曲している曲タイプのものや、まっすぐの直タイプのものがある。止血には、曲の無鉤モスキート鉗子が最適であり、使用頻度が高い。

　ケリー鉗子（図4-5）やミクスター鉗子（図4-8）などの先端が曲で角度のついたものは止血だけでなく、組織や血管の剥離にも用いられる。とくに、動脈管や門脈体循環シャントのような短絡血管の分離や腫瘍切除における血管の剥離に有用であり、剥離した血管周囲に縫合糸をくぐらせる場合にも重宝する（図4-9）。また、胸腔チューブや経腸チューブを設置する際にも非常に便利である。

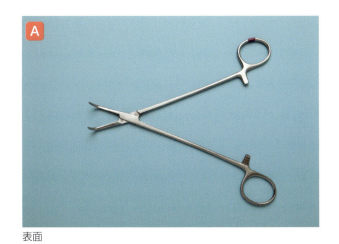
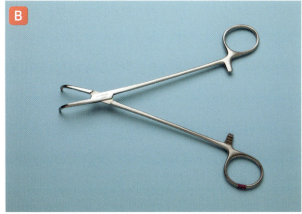

表面　　　　　　　　　　　　　裏面

図4-8 ミクスター鉗子
ミクスター鉗子は血管の分離や組織の剥離に用いる。長さや先端の角度、形状がさまざまなため、対象となる組織や血管に応じて選択する。

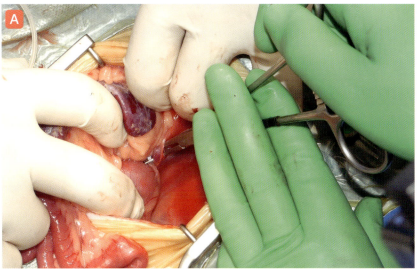

ミクスター鉗子で血管を分離しているところ。

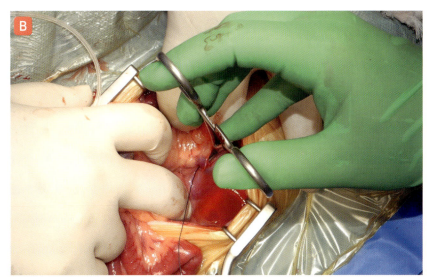

鉗子の先端で糸を把持して結紮しようとしているところ。

図4-9 術野でのミクスター鉗子の使用

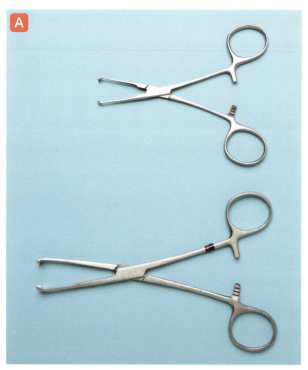
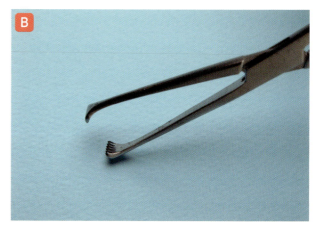

先端の拡大図。相対する短い歯の先端部をもち、強い把持力がある。

アリス鉗子は小サイズ、中サイズがあり用途に応じて使い分ける。

図4-10 アリス鉗子

組織把持鉗子

　組織把持鉗子として小動物臨床で用いられる一般的なものとしては、アリス鉗子（図4-10）とバブコック鉗子（図4-11）が挙げられる。いずれも先端は幅広くなっており、摩擦力を高めて幅広い面で組織を把持するように工夫されている。しかし、先端の咬合面には違いがあり、アリス鉗子のほうが把持力は強いものの、組織に与えるダメージは大きい。したがって、アリス鉗子は比較的硬い組織、例えば筋膜や腱などを把持する際に用いるのに対し、バブコック鉗子は比較的軟らかい組織、例えば胃腸管や膀胱などの臓器、筋肉などを把持する際に用いる。アリス鉗子はその把持力が強いために、腹壁や横隔膜などに使用すると、引き裂いてしまう可能性があるため、使用すべきでない。また、バブコック鉗子といえども、ラチェットを強く咬むと組織損傷があり組織に裂傷などをつくってしまう。しかし、バブコック鉗子で穏やかに挟むと、把持力が弱く、組織が逃げてしまう。そのような場合には、支持糸を掛けるようにして、無理にバブコック鉗子で把持しない。

そのほかの鉗子

腸鉗子

　腸を把持する際は腸鉗子が用いられ、一般的なものとしてドワイヤン腸鉗子が挙げられる（図4-12-A）。腸鉗子の咬合面は縦溝になっており、止血鉗子とは異なる（図4-12-B）。これによって、胃腸管に与える組織損傷を最小限にすることができる。しかし、いくら腸鉗子といえども、ラチェットを最後まで咬み込むと組織にダメージが加わるため、注意が必要である。助手の手が空いている場合には、鉗子を用いるのではなく、助手に用手で腸を挟んでもらうほうがダメージは少ない（図4-13）。腸鉗子にはドワイヤン型のものに限らずメイヨー・ロブソン型やドベーキー・ロブソン型、ドベーキー・ドヤン型、コッヘル型などがあり、先端の形状によって分類されている。

血管鉗子

　止血鉗子で血管を直接挟むと内膜に損傷が加えられ、血管が破綻してしまうことがある。たとえ破綻せずとも、その後に炎症や石灰化を惹起して血管の閉塞につながる。したがって、血管を一時的に閉鎖しておく場

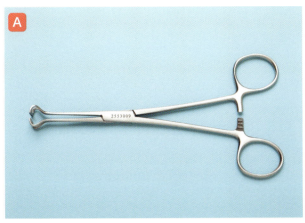

バブコック鉗子は繊細な組織や管腔物を把持するための鉗子である。

先端の拡大図。弯曲した中空の三角形の先端をもち、各々の三角形の基部は向かい合わせになっている。

バブコック鉗子の先端は爪のない横溝がついている。

図4-11 バブコック鉗子

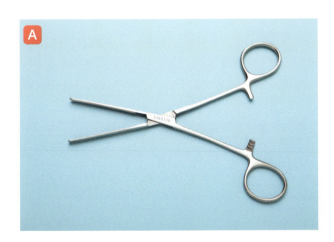

咬合面は縦溝になっている。

図4-12 ドワイヤン腸鉗子

腸鉗子は組織の損傷を防ぐだけでなく、腸内容物の流出を防ぐこともできる。腸鉗子にはたくさんの種類があるが、ドワイヤン型やメイヨー・ロブソン型、コッヘル型などがある。

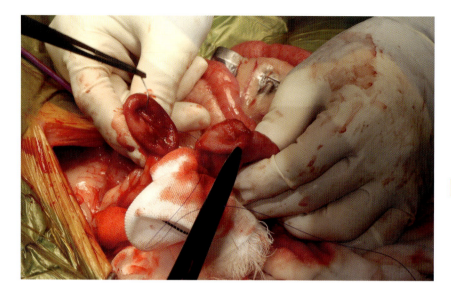

図4-13 用手での把持
腸鉗子を用いずに助手の手で腸管を把持することによって内容物の流出を防ぐことができる。このように、鉗子による把持よりも助手の手のほうが組織にやさしく、腸の吻合も行いやすい。

A

中型の血管の遮断などに用いられる。先端の長さがさらに短いタイプもある。

図4-14 ブルドッグ鉗子

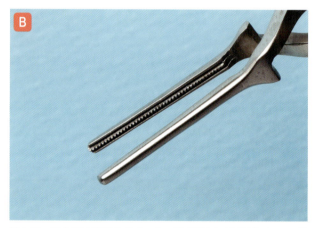

B

拡大図。咬合面は縦溝のドベーキー型で細かい突起がついているのがわかる。これにより血管が損傷しづらく把持力も高くなっている。

合には血管鉗子が用いられる。血管鉗子は血管壁にダメージを与えることのないように咬合面に特別な工夫が凝らされている。

血管鉗子として代表的なものにはブルドッグ鉗子がある。ドベーキー型で先端の形状は縦溝となっており、咬合面には細かい突起がついている。それで摩擦力を高めて把持力を上げながらも、挟まれた血管を傷つけることがないようになっている（図4-14）。血管を一時的に遮断する際にも用いられる。

血管鉗子にはさまざまなタイプが開発されており、代表的なものとして心耳などの把持に適しているサティンスキー鉗子（図4-15）などがあり、そのほかにもクーリー、デラ、ドベーキー、デイートリッヒなど多様な形態のものが存在する。咬合面の形状から、ドベーキータイプとクーリータイプの2種類が代表的である。

タオル鉗子

タオル鉗子は一般的に先端が尖っており、クワガタ虫の角のような形状をしている（図4-16）。タオル鉗子で皮膚を摘むと動物に痛みを与えるため、可能なかぎり皮膚を咬まずに、滅菌ドレープ同士を咬むように工夫をする。ドレープに接着面がついており粘着性のプラスチックドレープがある場合にはそちらを積極的に活用する。しかし、それらが利用できない場合は、皮膚とドレープを固定するためにタオル鉗子を用いる（図4-17）。タオル鉗子で固定することにより、術野

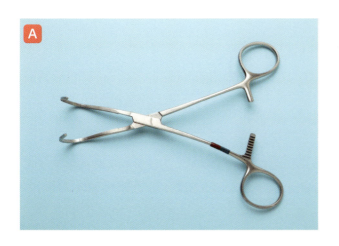
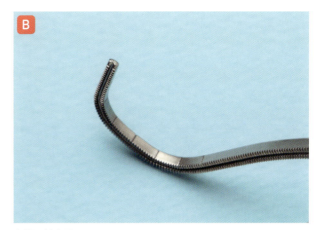

先端の拡大図

図4-15 サティンスキー鉗子
サティンスキー鉗子は、心耳だけでなく大型の血管を遮断するためにも用いられる。大血管からの出血時にも役立つため、備えておく。ここに掲載した鉗子の咬合面はクーリー型となっている。

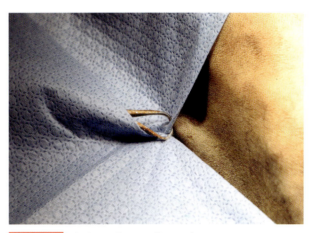

図4-16 タオル鉗子
2つの鋭な先端をもっており、タオル（布）を固定する際に使用する。

図4-17 皮膚とドレープの固定
可能なかぎり皮膚は咬まない。タオル鉗子で大きく咬もうとして皮下の血管や組織などを損傷しないようにする。

から滅菌ドレープがずれないようにする。

また、皮膚を貫通したタオル鉗子は汚染されているとみなし手術中に器具台の上に戻してはならない。

鉗子の持ち方

鉗子は剪刀と同様に右手で持ち、サム・リング・フィンガー・グリップで使用し曲タイプの場合は基本的に曲がりのついたほうを手の甲と同じ向きに持つようにする（図4-18）。また、手前側を掴むには剪刀と同様にサム・インデックス・フィンガー・グリップで持つこともある。ラチェットを咬む場合にはそのまま握り込めばカチカチと音を立ててロックがかかる。ラチェットを外す場合にはリングに掛けた母指と環指をそのまま握り込むと自然と外れるが母指を手前に環指を奥に少し力を加えると簡単に外れる。左手を用いて鉗子を外す方法は前述のとおりである。

鉗子の使い方

止血鉗子を用いる場合には、一般的に左手に持ったガーゼスポンジなどで圧迫止血し、ゆっくりとガーゼスポンジを外すときに右手の鉗子でしっかりと出血点を掴めるようにする。また、左手にアスピレーターを持っている場合には出血を取り除いてしっかりと出血点を認識して把持するようにする。出血点を鉗子で把

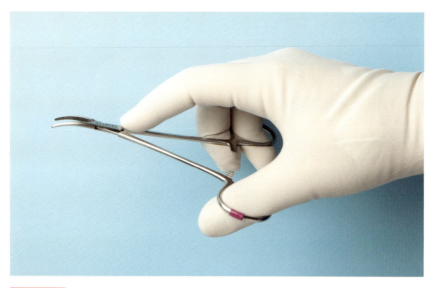

図4-18 鉗子の持ち方
サム・リング・フィンガー・グリップで使用する。

持する場合はできるかぎり鉗子の角度は組織に対して垂直にする。そうすることでよりピンポイントで出血点を押さえることが可能となる。したがって曲のモスキート鉗子で出血点を把持する場合は、弯曲した先端に組織が当たるようにする。

鉗子で余分な組織まで把持してしまうと縫合糸による結紮止血や電気メスでの止血が難しくなる。また、出血点以外の場所をむやみに止血鉗子で掴むとそれだけで組織損傷を与え、新たな血管の破綻を招き、出血が余計に広がる。

止血鉗子を掛けて縫合糸で結紮する場合、最初に鉗子を寝かせて糸を通しやすくしておき、結紮するときには鉗子を少し立てるようにすることで結びやすくする。電気メスにより接触凝固で止血する際には、鉗子が別の周囲組織に触れていないことを確認する。鉗子が目的以外の組織に触れているような場合には、その部分にも好ましくない熱傷を与えてしまう。集束結紮を行う場合には、止血鉗子で結紮予定部位を挟んで挫滅しておくため、血管に対して垂直方向に鉗子を掛ける。結紮する場合にはゆっくりと鉗子を外すことが必要であり鉗子を掛けたままではうまく結紮止血できず鉗子を素早く外すと組織が逃げてしまうことがある。

> **Tips**
>
> うまく止血するコツは、ゆっくりと鉗子を外しながら結紮を絞めていくことである。

ケリー鉗子やミクスター鉗子で血管を剥離する場合には、剪刀と同様にHilton's maneuverで鈍性に剥離していく。鉗子を血管の下にくぐらせる場合には先端を合わせておいてから挿入するようにし、決して先端を開いたまま挿入しないようにする。鉗子を血管の下に挿入してから広げるようにして鈍性剥離していく（図4-19）。鈍性剥離で貫通した直後、そのまま縫合糸を掴んで血管にくぐらせようとしてはいけない。いったん鉗子を抜き再度先端を合わせて完成したトンネルに挿入し、鉗子の両端が血管の向こう側に顔を出してから先端を広げて縫合糸を掴むようにする。血管周囲の組織が十分に剥離していることを確認しなければならない。そうしなければ鉗子の先端で周囲組織も挟むことになり、そのまま無理に縫合糸を通そうと鉗子を引き抜くと血管を破綻してしまうおそれがある。

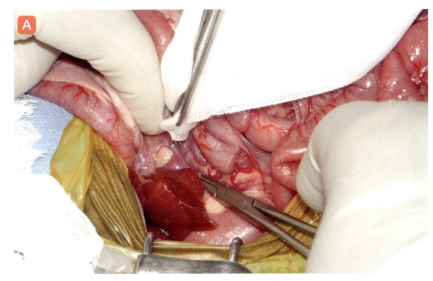

ミクスター鉗子を閉じたまま血管の下にくぐらせて鈍性剥離をしているところ。

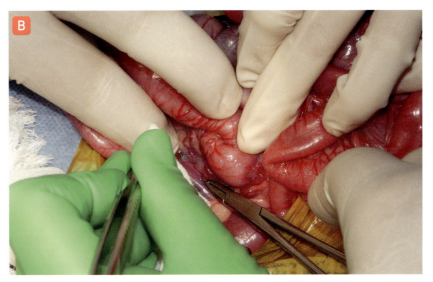

ミクスター鉗子の先端をガーゼで擦ることで組織を剥離した。

図4-19 血管を剥離する場合の鉗子の操作

第5章

持針器
（把針器、Needleholder）

持針器（把針器、Needleholder）

はじめに

持針器は、針を把持し針を運び縫合を進めるために使用される。また、止血する際に貫通結紮を行う場合にも用いられる。正確に、そして確実に縫合や止血を行うには、持針器を正しく使いこなす必要があり、手術の成否に大きくかかわる。

持針器の種類

持針器は大きくヘガール型（図5-1）、マチュー型（図5-2）、カストロビエホ型（図5-3）に分類され、それぞれ持ち方や使い方が異なる。ヘガール型は小動物臨床分野で多用され、メイヨー・ヘガール持針器（図5-1-B）が一般的に用いられる。小さな剪刀が先端についているオルセン・ヘガール持針器も、少人数で手術をこなさなければならない病院であれば有用である。筆者はメイヨー・ヘガール持針器を多用しており、マチュー型はほとんど使用しない。マチュー型は手掌で握り、ラチェットを掛けることで縫合針を保持するが、力をかけすぎるとラチェットが外れてしまう。しかし、マチュー型は力強く運針ができることから、大動物外科、例えばウシの皮膚などを縫合する際には便利である。一方、小動物外科などで細かな操作が要求される場合には、メイヨー・ヘガール持針器のほうが向いている。また、カストロビエホ型は、さらに細かな操作が必要とされる眼科外科領域や心血管外科領域、神経外科領域などで用いられ、把持する縫合針も5-0以下の細いものが対象となる。

先端の咬合面の歯状構造には、横溝型と斜め交差型

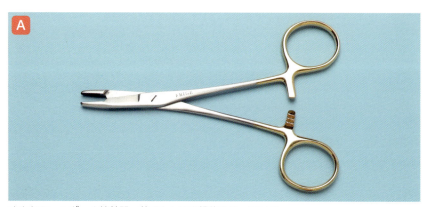

オルセン・ヘガール持針器。剪刀としての機能ももっている。

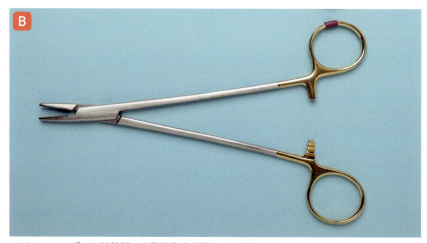

メイヨー・ヘガール持針器。小動物臨床分野でよく使用される。

図5-1　ヘガール型持針器

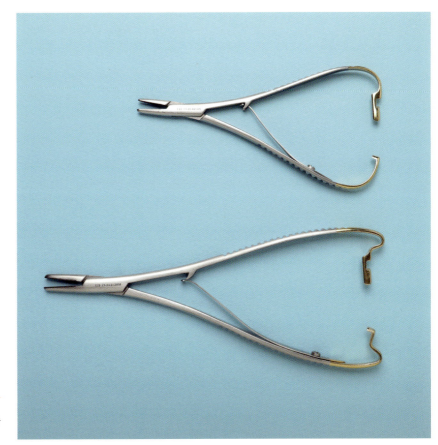

図5-2 マチュー型持針器
硬い組織の縫合に向いており、把持力が強く力強い運針ができる。

図5-3 カストロビエホ型持針器
マイクロサージェリーで用いられる持針器はカストロビエホ型のものが多い。細い縫合糸を把持するのに向いている。

がある。いずれも摩擦力を高めて、運針中に針がずれないように工夫が凝らされている。近年、より確実に針を把持するため、ダイヤモンドチップが施されているものが販売されている（図5-4）。ダイヤモンドチップとは、タングステン・カーバイト製の黒い金属板であり、それが咬合面に貼りつけられている。この金属板はダイヤモンドの鋸で細かく削られ、微細なピラミッド形の突起が無数に刻み込まれている。これによって、針を安定して把持することが可能であり、運針中に針がぶれるのを防ぐことができる。そのぶん、ダイヤモンドチップが施された器具は一般のものよりも高価である。

なお、ダイヤモンドチップという名称は前述のとおりダイヤモンドの鋸で加工されていることから名づけられており、決してダイヤモンドが埋め込まれているわけではない。ダイヤモンドチップは1951年にアメリカで開発・販売されたもので、これを使用している器具はほかの製品とは区別する意味で輪や柄に金メッキが施されている。

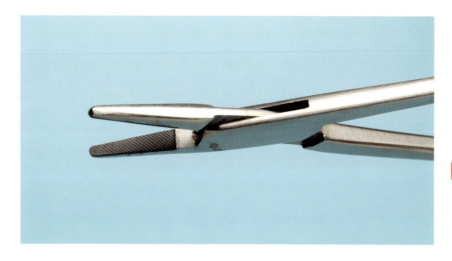

図5-4 咬合面に施されたダイヤモンドチップ

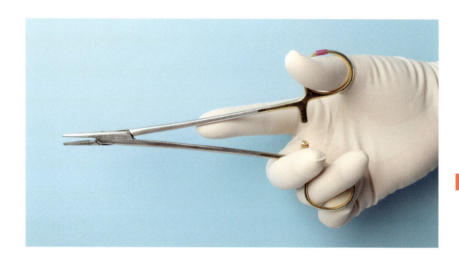

図5-5 サム・リング・フィンガー・グリップ
母指と環指を輪に通す。剪刀や鉗子などの最も一般的な持ち方でヘガール型で用いる。

持針器の持ち方

　メイヨー・ヘガール持針器の持ち方には、剪刀や鉗子と同様のサム・リング・フィンガー・グリップ（図5-5）、手掌全体で握るパームドグリップ（図5-6）、環指だけを輪に掛けるシナーグリップがある（図5-7）。一般的に、細かな操作はサム・リング・フィンガー・グリップが向いているとされるが、運針の理論を考えればパームドグリップのほうが針穴を広げずに細かな操作が可能である（図5-8）[1,2]。サム・リング・フィンガー・グリップで持つ場合には、持針器の長軸と腕の長軸に角度がついているため、運針には腕の回転だけでなく手首の動きも加えなければならず、複雑な動きが要求される結果、動作が不安定となり、針穴を大きくしてしまいがちである。一方、パームドグリップは持針器の長軸と腕の長軸は一直線であり、手首を固定して腕の回転をそのまま針に伝えることができる。針穴を広げることなく、より細かな運針が可能となるため、血管縫合などにも応用される。さらに、パームドグリップは細かい操作だけでなく、力強い運針にも向いており、慣れるとラチェットの掛け外しも可能となるため、皮膚縫合の時間を短縮することがで

図5-6　パームドグリップ
手掌全体で握手をするように握る。手掌の中で自由に回転できるので、深部での縫合や運針がしやすい特徴がある。ヘガール型およびマチュー型で用いる。

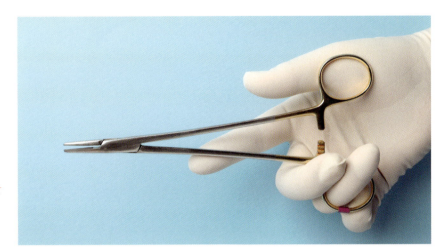

図5-7　シナーグリップ
環指だけを輪に掛ける。メイヨー・ヘガール型で用いる。

きる。

しかし、パームドグリップの欠点としては、ラチェットを外すときに過度な力が加わり、針先がぶれる心配があることである。縫合針を刺したまま持ち替えるためにラチェットを外すときに針穴を広げてしまう。より厳密に針穴を広げたくない場合には、ラチェットをロックしない程度にできるだけ強く針を把持し運針するようにする。こうすることで、ラチェットを外す際に生じるぶれを抑え、スムーズに針を持ち替えることができる。しかし、針の安定性を犠牲にすることになるため、対象となる組織の性状によってラチェットの使用を考える。

マチュー型はパームドグリップで用いられ、カストロビエホ型はペンシルグリップで用いられる（図5-9）。

持針器の使い方

縫合針の先端が持針器の左側にくるように把持する。また、針が持針器の長軸に対して直角となるように把持することで、パームドグリップで持ったときに腕の回転がそのまま針に伝わる。したがって、基本的には

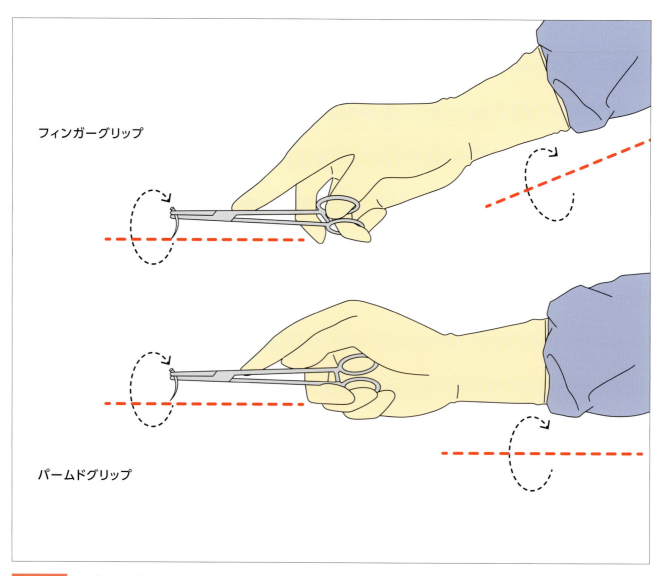

図5-8 ヘガール型持針器のフィンガーグリップとパームドグリップの比較（文献1、2より引用、改変）

フィンガーグリップでは持針器の長軸と術者前腕の長軸が斜めに交差するので、正確な運針には前腕、手首、指の複雑な動きを必要とする。
パームドグリップでは術者の示指を中心とした右手首の回転がそのまま持針器の先端に伝わるので、運針精度が高い。

把持法を比較した実験により得られた結果
文献2によると、上記の2つの把持法を比較した実験を行っており、簡単な運針でもフィンガーグリップよりパームドグリップのほうが正確度が高かったと結論づけている。

把持法を比較した実験により得られた考察
把持法そのものに起因するパームドグリップが有利な事項として、以下の5つが挙げられている。
①手の把持方向が持針器の先端方向に移動する
②持針器掌握力が向上している
③持針器掌握の融通性が高まる（掌握力向上と相反するようであるが、脚輪に指を通さないだけ持針器を自由に動かすことができる）
④手の軸と持針器の軸とのずれ幅が小さい
⑤運針中の放針が起こりにくい

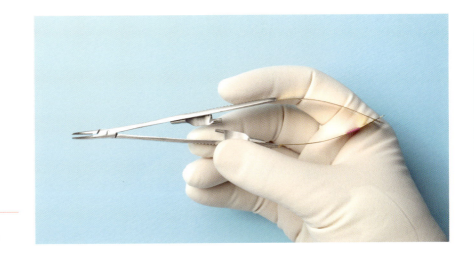

図5-9　ペンシルグリップ
筆記具と同じように持つ。
カストロビエホ型で用いる。

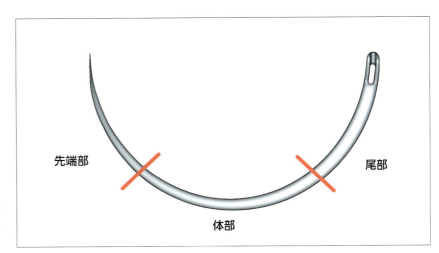

先端部　　体部　　尾部

図5-10　縫合針の構造
縫合針は図のように弯曲しているものが多く、3等分して先端部、体部、尾部と呼ばれる。

針は把持部とは垂直となるように把持する。しかし、この針の持ち方だけでは必ずしも縫合がうまくいくとはかぎらない。より深い場所での縫合や制限された術野での縫合であれば、持針器と針は角度をつけて持つことも要求される。したがって、縫合線に対して垂直に刺入できるように持針器で針を把持することが基本であり、臨機応変に針を持ち替えることも必要である。そのような制限がない場合には、針と持針器の長軸とは直交するようにしておく。

縫合針の選択

　縫合針は一般的に弯曲しており、3等分して各々先端部、体部、尾部と呼ばれる（図5-10）。針を取り出す際は曲の角度、針の長さ、大きさなど、外装の記載をよく確かめてから開封する。

Pitfalls

例えば大型犬の厚い腹壁の縫合に対して小さな縫合針を選択すれば、筋肉に刺入後針の長さが足りずに縫合しづらい。選択を誤ることで癒合不全や遷延を招くこともあるため、適切なサイズの縫合針を選択する。

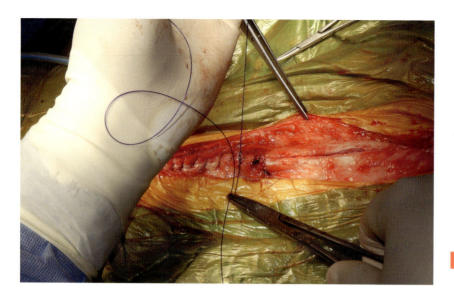

図5-11　連続縫合
左側から右側へ針を進めている。

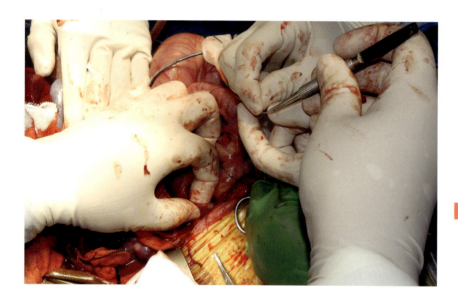

図5-12　カストロビエホ型持針器の使用
写真は小さな縫合針をカストロビエホ型持針器で把持し、腫瘍栓を摘出した後の後大静脈を吻合するところ。

　持針器で縫合針を持つ場合は、体部と尾部の間を持つようにすることで安定して把持することが可能となり、力強い運針ができる。尾部近くで持つ場合には、針が弱く、少し無理な力が加わると針が曲がってしまい、うまく組織を貫通することができない場合がある。また、針をいったん刺入した後は、針の弯曲に沿って進めていくことが重要であり、無理に力を加えて軌道を修正しようとすれば、針を曲げてしまうことになる。あらかじめ針の軌道を思い描き、それに合わせて針を刺入する場所を決める必要がある。

　通常、針を通す場合には向かって右から左へ、あるいは奥から手前になるように動かす。左から右へ、手前から奥へ動かす場合には、縫合針の先端が持針器の右側になるように把持し、通常とは反対の手腕の動きをしなければならない。さらに、連続縫合を行う場合は、一般的に向かって左から右に、奥から手前に針を進めていく（図5-11）。実際の症例での持針器の使用を図5-12、図5-13に示す。

【参考文献】
1. 下間正隆(2004): chapter⑤縫う 持針器 針と縫合糸. In: カラーイラストでみる外科手技の基本, pp.54-59, 照林社.
2. 関洲二(1990): 1章：運針の基礎技術とそのコツどころ. In: 手術手技の基本とそのコツどころ, 改定第2版, pp.1-31, 金原出版.

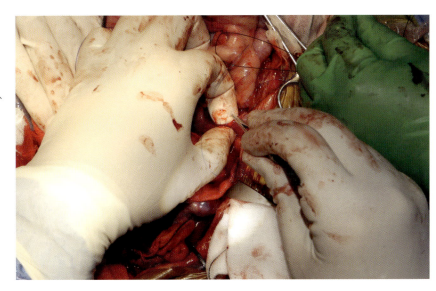

図5-13

図5-12のつづき。血管を吻合する際はとくに刺入した針穴を小さくする必要がある。正確な運針のためカストロビエホ型持針器をペンシルグリップで把持し、血管縫合を行っている。助手は正確な吻合が行えるように臓器を牽引して手術の場をつくり、出血すればガーゼで拭い視野を確保する。また、今回用いている縫合糸は5-0プロリーン®であり、針がとても小さいため、術中に腹腔内に紛れて見失わないように注意する。使用しないときは必ず器具台の上に戻し、使用した縫合糸や針が腹腔外にすべてあるか確認してから閉腹を行う。

第6章

リトラクター
（開創器、鉤、Retractor）

リトラクター（開創器、鈎、Retractor）

はじめに

リトラクターは術創を広げ、組織を牽引することにより手術の視野を確保するために用いられる。さまざまな種類のリトラクターが存在し、目的に応じて用いられる。したがって一括りに持ち方や使い方を論じることはできないものの、獣医療において一般的であり、手術で有用なリトラクターについて、その使い方を説明する。

リトラクターの種類と使い方

開胸器として用いられる代表的なものにフィノチェットリトラクターがあり、開腹器として用いられるものにはゴッセリトラクター、バルファーリトラクターなどが挙げられる。

フィノチェットリトラクター

フィノチェットリトラクターはレバーを回転させることによって術創を広げることができ、肋間開胸の場合は肋間切開後にフィノチェットリトラクターをあてがい、レバーを回転することで開胸部位を広げる。十分な術野が確保できない場合はさらに上下に肋間切開を延長し、レバーを回転させることで術創を広げることができる（図6-1）。

レバーを回転するタイプだけでなく、さらに小さい新生児用のフィノチェットリトラクターも存在する（図6-2）。その場合はチェーンでつながっている付属物をネジ部分に挿入し回すことで開創の程度を調節し固定することができる。猫や小型犬の飼育頭数が多い本邦ではこのサイズのフィノチェットリトラクターは便利であるが、高価である。しかしながら肋間開胸を行う場合は必ず必要とする。

実際にフィノチェットリトラクターを使用した症例を図6-3〜6-5に示す。

図6-1 フィノチェットリトラクター
レバーを回転させることによって術創を広げることができる。

図6-2 新生児用のフィノチェットリトラクター
チェーンでつながっている付属物をネジ部分に挿入し回すことで開創の程度を調節し固定する。

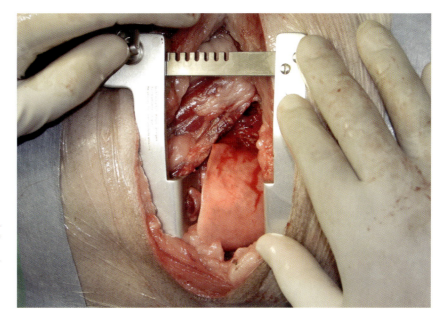

図6-3 肋間開胸術にてフィノチェットリトラクターを設置

肋間を広げたまま維持したい場合にフィノチェットリトラクターを使用する。大きさだけでなく深さも動物によって異なるため各種サイズを取り揃えることが理想的である。

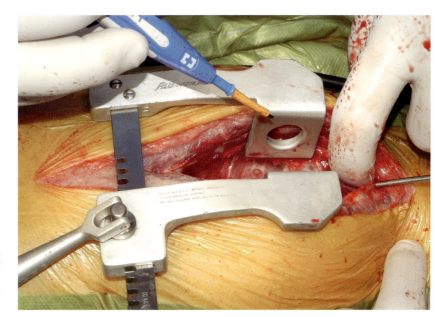

図6-4 胸骨正中切開にてフィノチェットリトラクターを設置

胸骨正中切開を行った際に正中を広げたまま維持する場合にもフィノチェットリトラクターが使用できる。

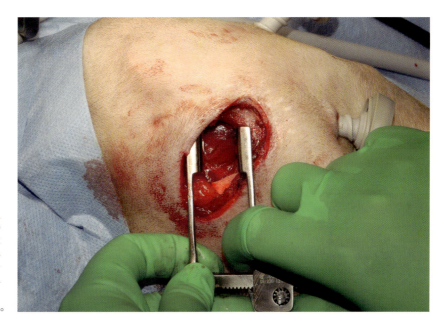

図6-5 内視鏡外科手術と開胸手術のハイブリッドで心膜切除術を行った症例

胸腔内の腫瘍が大きく、胸腔のワーキングスペースの安全な確保ができないため内視鏡外科手術に追加して肋間開胸術を行った。症例は小型犬であり小切開に対して新生児用のフィノチェットリトラクターを使用した。

図6-6 ゴッセリトラクター
開腹手術の際に用いられ、2方向へ牽引する。

図6-7 バルファーリトラクター
開腹手術の際に用いられ、3方向へ牽引する。

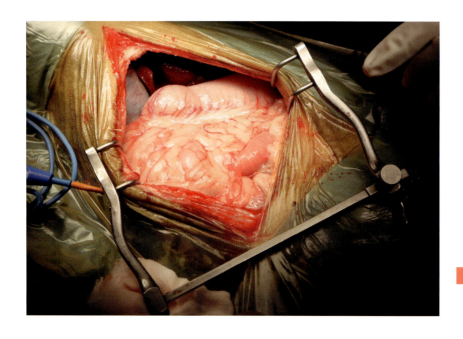

図6-8 ゴッセリトラクターの使用例

ゴッセリトラクター、バルファーリトラクター

ゴッセリトラクター（図6-6）とバルファーリトラクター（図6-7）は2方向もしくは3方向へ牽引し、開腹手術時に手術の場を確保する（図6-8）。いずれも動物や術創の大きさから各種サイズを揃えておく必要がある。

より小さな腹部をもつ猫や小型犬などでは、後述するウェイトラナーリトラクターやアドソンリトラクターなどを開腹器として代用することもある。

センリトラクター、マレアブルリトラクター、ほか

小動物臨床において、組織を牽引して、手術の場を確保するために用いられるものとして、用手のマレアブルリトラクター、センリトラクター（図6-9）、アーミー・ネイビー・リトラクターなどがあり、ほかにも鉤の形状からさまざまなリトラクターが存在する。とくに、整形外科領域では頻繁に使用するため、種々のリトラクターを準備しておく必要があり、用途に応じて選択していく。

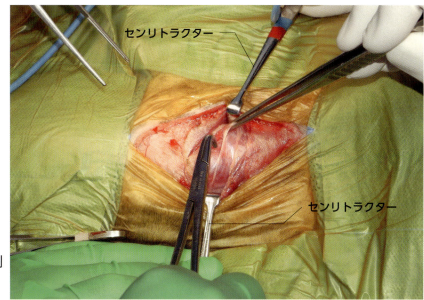

図6-9 センリトラクターの使用例
対になって2本使用し甲状腺の腫瘍を摘出しているところ。

図6-10 マレアブルリトラクター
対象となる臓器の大きさに応じて使用するリトラクターを選択する。

マレアブルリトラクター（図6-10）

　腹部や胸部の外科では、自在に変形させることが可能なマレアブルリトラクターは有効である。事前に曲がりをつくっておき鉤周囲に生理食塩液を含ませたガーゼを巻きつけ、牽引しておく（図6-11）。マレアブルリトラクターにガーゼを巻きつけるのは、ステンレス素材のものを直接動物の身体に当てると牽引時に滑るためであり、リトラクターの先端によって臓器を損傷するのを防ぐためである。例えば、肝臓などの軟らかい組織に先端が当たる場合は生理食塩液で濡らしたガーゼなどを臓器にあてがい、出血や損傷を予防する。対象となる臓器の大きさに応じて使用するリトラクターのサイズを変更する。

　また、マレアブルリトラクターを使用するほどでもなく、臓器を電気メスなどの接触から保護したいときは木製の滅菌済み舌圧子を使用すると便利である（図6-12）。ただし、マレアブルリトラクターのように曲げたり牽引したりすることは難しい。その場合、一番細いマレアブルリトラクター（脳ベラとして販売されている）にガーゼを巻いて絶縁しながら用いることが多い（図6-13）。

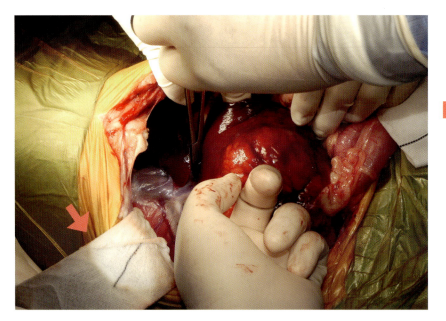

| 図6-11 | マレアブルリトラクターの使用 |

この症例では大きな肝臓腫瘍のため腹部正中切開に加えて傍肋骨切開を行っているため、バルファーリトラクターやゴッセリトラクターが使用できない。このような場合は自在に曲げられるマレアブルリトラクターにガーゼを巻いて臓器を損傷しないように注意をしながら使用する（⬇）。
牽引して持ち上げて手術の場をつくることでより良好な視野で安全に手術を行うことができる。

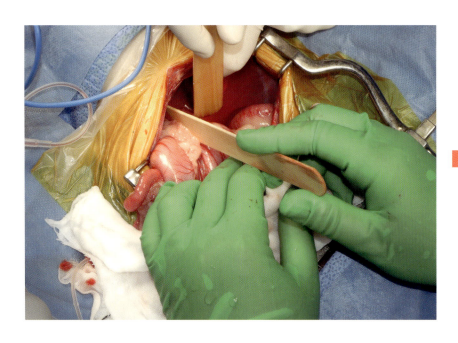

| 図6-12 | 木製の舌圧子による臓器の保護 |

電気メスなどの意図しない接触から臓器を保護するためにも木製の滅菌済み舌圧子は便利である。第3章で「鑷子の基部をヘラ代わりに使用することもできる」と記載したが、筆者はこのように木製の舌圧子を臓器の保護や一時的なマレアブルリトラクターの代わりに使用することもある。

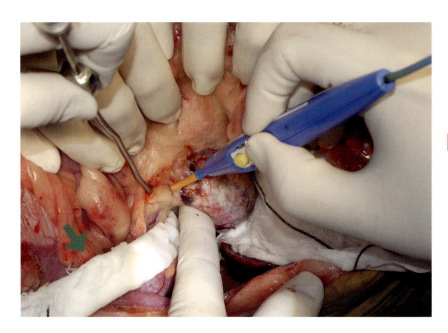

| 図6-13 | 一番細いマレアブルリトラクターを使用した腎臓の牽引 |

副腎摘出術を行う際、腫瘍化して大きくなった副腎と腎臓の間にスペースをつくるため、腎臓を保護しながら牽引する。写真は一番細いマレアブルリトラクターにガーゼを巻いて、腎臓の形状に曲げて牽引しているところ（⬇）。強い力で牽引することで腎臓に損傷が出ないように、必要なときだけ少し牽引する。

図6-14　ウェイトラナーリトラクター

図6-15　ゲルピーリトラクター

ウェイトラナーリトラクター、ゲルピーリトラクター、ほか

　一方、自己固定式のものとしてはウェイトラナーリトラクター（図6-14）、ゲルピーリトラクター（図6-15）、アドソンリトラクターなどがある。ゲルピーリトラクターにはさまざまな角度と長さのものが用意されており、深部の手術の場合には非常に役立つ。1本で用いるよりも、2本を平行させることによって、手術の場を確保するのに役立つ（図6-16）。ゲルピーリトラクターは先端が尖っているため、掛ける部位の組織を注意深く観察し、組織損傷による合併症を防ぐように気をつける。また、2本を直交させることによって、より小さな術創でも手術の場を確保することができる。

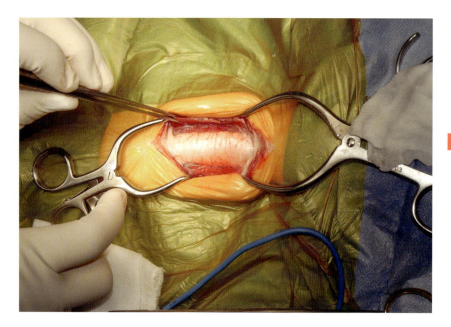

図6-16 上皮小体腺腫の摘出にゲルピーリトラクターを使用しているところ

ゲルピーリトラクターは自己固定式のリトラクターの代表的なものであり、開創した状態を維持できるためさまざまな手術に役立つ。しかしながら、先端が尖っているため、掛ける部位によっては神経や血管を損傷し大きな合併症を招く危険性があるため、解剖を十分理解したうえで使用する。

第7章

電気手術器

電気手術器

はじめに

電気手術器は、手術デバイスのなかで最も使用頻度が高く、多くの獣医師が導入して手術に適用していると考えられる。電気手術器のなかには、モノポーラ型電気メスやバイポーラ型電気メス、ベッセル・シーリング・システム（Vessel sealing system：VSS）などがあり、近年でもさまざまなデバイスが開発され、性能も向上しているが、一般に広く普及している機器はモノポーラ型電気メスやバイポーラ型電気メスなどの電気手術器であろう。これらは止血や切開において便利であり、使用することで手術の幅はもちろんのこと、手術時間の短縮にもなる。しかし使用上の注意点を十分に理解したうえで用いるべきであり、そうしなければ有害事象の発生を減らしながら効果的に用いることができない。電気手術器の使い方などに関して大学で教育を受ける機会は少ないのが現状である。そのため本章ではこれらの原理や特徴から実症例での使用のコツなどについて写真を交えて解説する。

電気メス

電気メスの歴史[1]

電気メスの原型を開発したのは、ハーバード大学のBovie博士であり、その後脳外科医でありクッシング症候群でも有名な医師であるCushing博士によって1926年に臨床ではじめて使用された。それ以降さまざまな開発が加えられ、現在では先端の形状から、ナイフのようなモノポーラ型電気メスとピンセットのようなバイポーラ型電気メスに大別される（図7-1）。

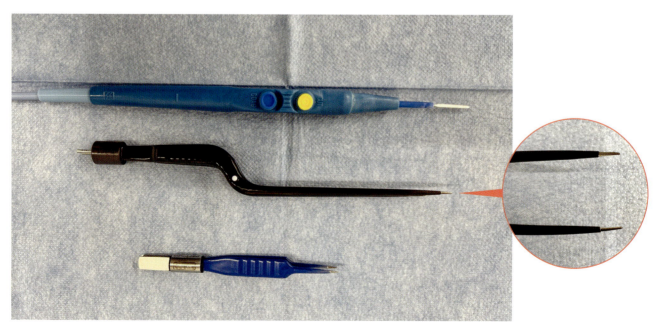

図7-1 モノポーラ型電気メスとバイポーラ型電気メス
先端が1本のモノポーラ型電気メス（上段）と先端が2本のバイポーラ型電気メス（中段、下段）である。バイポーラ型電気メスは大きさにより数種類ある。

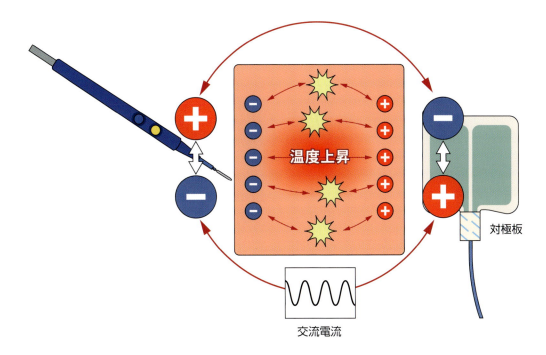

図 7-2　交流電流によって細胞内で起こる現象
電気メスの先端からでる電流が対極板の間を高速で行き来することで発生する摩擦によって細胞の温度が上昇する。注意点として電気メスの先端が熱をもっているわけではない。

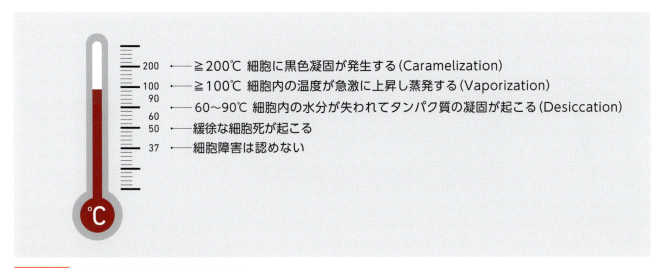

- 200 ─ ≧200℃ 細胞に黒色凝固が発生する（Caramelization）
- 100 ─ ≧100℃ 細胞内の温度が急激に上昇し蒸発する（Vaporization）
- 90
- 60 ─ 60〜90℃ 細胞内の水分が失われてタンパク質の凝固が起こる（Desiccation）
- 50 ─ 緩徐な細胞死が起こる
- 37 ─ 細胞障害は認めない

図 7-3　細胞内温度と組織効果の関係
電流が高速で流れることで細胞の温度が上昇したときに発生する現象を示す。

電気メスの原理[1,2]

電気メスは、言葉のとおり電気の力を用いる機器であり、高周波（300,000〜5,000,000 Hz）の交流電流を生体組織に通電することによって、細胞内の温度を上昇させ、細胞のタンパク変性、蒸散などをもたらし、最終的に切開・凝固を行うものである。これらの変化を組織効果と呼ぶ（図7-2、7-3）。哺乳動物の体は低周波電流には感電するものの、高周波電流は通すため、その特性を活かして電気メスは設計されている。

電気メス本体の役割

電気メス本体の役割として、①高周波への変換、②出力コントロール、③デューティーサイクル（Duty cycle：DC）の調整、④組織インピーダンス（電気抵抗）のモニタリングの4つがある（図7-4）。DCの調整が、一般的なモードの概念となっており、電気の流れる割合を調整している。この違いによって、切開（Cut）と凝固（Coag）、ブレンドなどの種類の違いが生み出される。

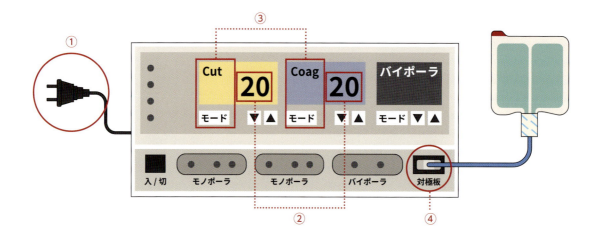

図 7-4 電気メス本体の役割
①高周波への変換、②出力コントロール、③デューティーサイクル（Duty cycle：DC）の調整、④組織インピーダンス（電気抵抗）のモニタリング

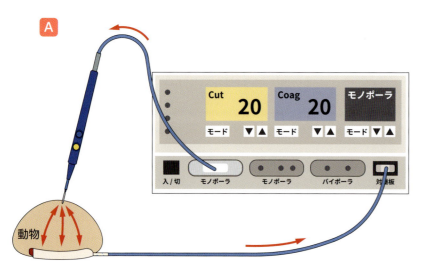
本体から電気メスを通して交流電流が伝わり、広く接している対極板に伝わっている。

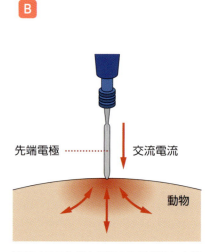
電気メスの先端と組織の接触部位に交流電流が流れて、組織効果が起こる。

図 7-5 モノポーラ型電気メスの特徴

モノポーラ型電気メス

モノポーラ型電気メスではメス先から流れた電流が動物の体内を流れるので、受け止めるための対極板が必要となる（図7-5）。

モードについて[3]

一般的に、手元のボタンでCut（黄色のボタン）か、Coag（青色のボタン）を選択する（図7-6）。Cutの場合には装置側でピュアかブレンドを選択するようになっている。これらのモードはDCによって変化する。CutとCoagの違いは出力様式の違いであり、その特性

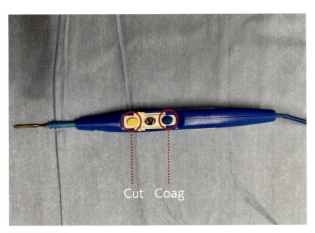

図 7-6 モードの違い
一般的には黄色がCut、青色がCoagモードとなっている。ブレンドモードのボタンがついている電気メスもある。

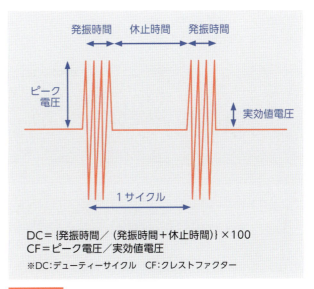

図 7-7 電気メスの出力波形
設定したモードによりピーク電圧や実効値電圧が変わってくる。DCが高いほど切開能が高くなり、CFが高いほど放電凝固能が増加する。

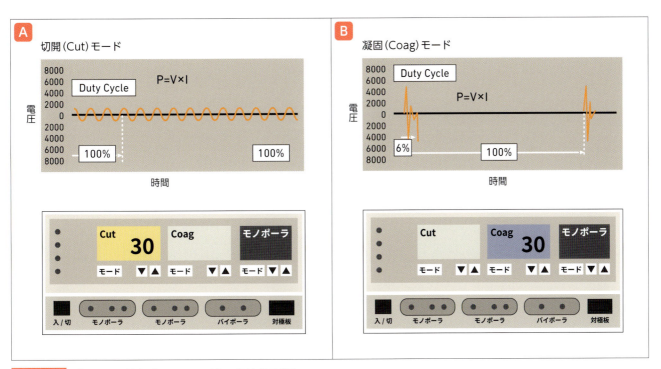

図7-8 CutモードとCoagモードでのDCの違い
一般的なCutモードではDCは100％であるため連続波となり、Coagモードでは6％程度になるため断続波であり、高電圧になる。

を理解しておく必要がある（図7-7）。Cutモードでは低電圧の電流が連続的に流れるのに対し（図7-8-A）、Coagモードでは高電圧の電流がパルス状に流れる（図7-8-B）。CutモードとCoagモードを比較するため、牛肉に切開を加えてみると、組織効果に違いがでることがわかる（図7-9）。機器によってほかにもスプレーモードやソフト凝固などさまざまなモードが開発されているが、すべてのモードは電圧とDCの割合によって決まってくる（表7-1）。

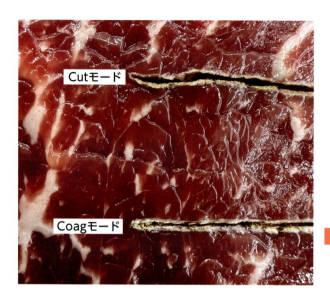

図 7-9 牛肉に対する切開ラインの違い
Cutモード（上）とCoagモード（下）で切開を行った。Coagモードは側方に熱損傷が確認できる。切れ味はCutモードのほうがよいためスムーズに切開ができる。

表 7-1 モードによる電圧、DC、CFの違い

	モード	電圧 (V)	DC（%）	CF
Cut モード	ピュアカット	920	100	1.4
	ドライカット	650 〜 1,450	30	3.0 〜 3.8
	ブレンド	1,485	50	2.7
Coag モード	クラシック	980 〜 1,430	40	4.5
	フォースト	880 〜 1,800	15	6
	スプレー	3,500 〜 4,300	10	7.4
	ソフト凝固	55 〜 190	100	1.4

すべてのモードはDCと電圧の違いによって決められている。さまざまなモードがあるが、DCが高ければ切開能が、低ければ凝固能が強く起こると理解しておく。ソフト凝固はCutモードと同じDCであるが、電圧を極限まで落としているため、タンパク凝固のみを行えるモードである。

メス先電極の種類と用途

一般的にはブレード型が使用されるが、用途によってニードル型やボール型などがある（図7-10）。電極の先端が細くなればなるほど電流密度は高くなり、切開能が増加する。一方でボール型は、組織との接触面積が広くなり、電流密度が低くなるため凝固能が増加する。

対極板について

対極板は広い接触面積をもち、電流密度を低く保つことにより温度の上昇を抑えて熱傷を防いでいる。対極板の大きさは、メーカーによって違いはあるが、小型犬や猫、大型犬などでの使い分けなどはなく、なるべく広く対極板が動物の体に接触していることが重要である。（図7-11）接触面積が少ない場合はうまく作動しないか、電流が対極板の一部に集中するため、熱傷事故を引き起こしかねない。とくに椎骨などが突出している削痩動物などでは、いつもと同じように対極板を背側に当てると、局所に電流が集中して低温やけどを引き起こす危険性があるため注意する必要がある。電気手術器による有害事象は後述する。

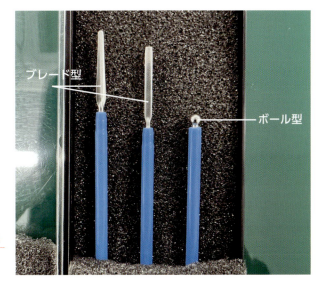

図 7-10 モノポーラ型電気メスの電極先端の違い
先端が細いものから丸いものまで複数ある。

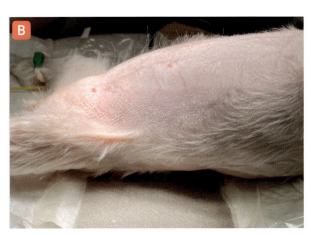

A: 一般的な対極板。濡らしたガーゼなどを敷いておくことで電気抵抗を下げる役割がある。

B: 動物の背中あたりにしっかりと対極板が当たっていることを確認する。

図 7-11 対極板

Tips

削痩動物などに対して対極板と体との接触面積を増やすためには、タオルなどを対極板の下におき、より広く皮膚と接触するように工夫することが重要である。

バイポーラ型電気メス

バイポーラ型電気メスは両端の間に通電しているため対極板は必要ではない（図7-12）。電極同士が近接しており通電効率がよい。そのため低いパワーでの使用でも止血凝固が起こるため、シーリング能力や止血能に優れている。さらに周囲組織への影響が少ないため、大きな血管や神経の周囲で用いる場合には非常に有用である（図7-13）。

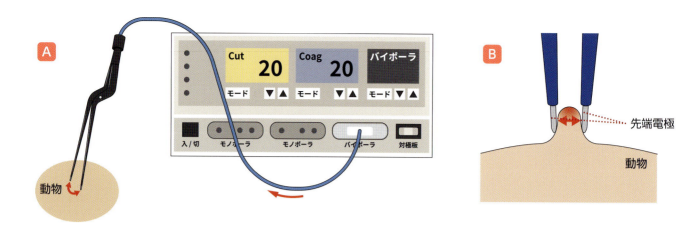

図 7-12 バイポーラ型電気メスの特徴
バイポーラ型電気メスは、2つの電極の間で交流電流が流れるため、対極板を用いる必要はない。さらに組織をBのように摘んで使用することができるため、より細かい部分の切開や凝固に優れている。

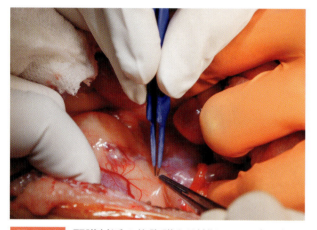

図 7-13 腎臓付近の後腹膜を剥離している写真
バイポーラ型電気メスは血管が近い膜構造の剥離などに有用である。

図 7-14 術者からみたフットスイッチの置き場所
左からベッセル・シーリング・システム、バイポーラ型電気メス、超音波吸引装置のフットスイッチが置いてある。電気手術デバイスが増えるほどフットスイッチも多くなるため誤動作に注意する。

バイポーラピンセットの種類と用途

先端の形状に大きな違いはないが、長さに違いがある。バイポーラ型電気メスは、より細かい切開や凝固を行うことに適しているが、動物の背側へのアプローチ（例えば腎臓や副腎、肝臓の三角間膜など）の場合には長いものも有効である。

フットスイッチについて

モノポーラ型電気メスではフットスイッチは必要ないが、バイポーラ型電気メスやVSSなどでは必要となる。術者の好みによるが、左右どちらかの足元に置いて使用する。電気手術器具や超音波切開装置などデバイスが増えるほどフットスイッチの数が増え、誤操作の危険性が増すことも考慮する必要がある（図7-14）。

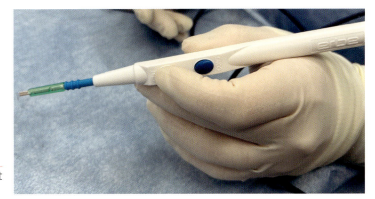

図 7-15 モノポーラ型電気メスの持ち方
写真ではペンシルグリップで持ち、示指でCutボタンを押している。

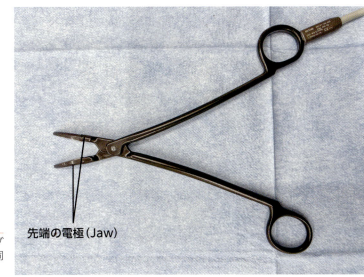

先端の電極（Jaw）

図 7-16 ベッセル・シーリング・システム
先端のJawで組織や血管を把持してシーリングを行う。この装置もバイポーラ型電気メスと同様に対極板の必要はない。

電気メスの持ち方

　モノポーラ型電気メスはペンシルグリップで持ち、示指もしくは母指でボタンを押す（図7-15）。電気メスの先端にはネラトンカテーテルなどを被せて、組織への接触面積を減らしておく。先端が組織と広い面積で接触すると電気効率が悪くなり、より大きい出力が必要となる（後述）。また、ネラトンカテーテルなどの絶縁体の装着は事故防止に有効であり、安全な電気メスの使用には必須である。

　バイポーラ型電気メスは鑷子と同様に持ち、目的とする組織を挟み電流を流す。

ベッセル・シーリング・システム

特　徴[1,2]（図7-16）

　VSSは、電気メス同様に高周波電流を用いており、脈管のシーリングを目的としている。先端の電極（Jaw）で組織を挟み、圧迫しながら電流を流して組織の凝固を行うことで脈管のシーリングをする。VSSは、常に挟んだ組織のインピーダンスを測定して100℃以下に保つことで焦げなどの過度な凝固が生じないように出力が調整されている。血管壁などの組織そのものを凝固させることで、永久的で高い癒合強度が得られる。直径7 mmの血管までシーリングが可能とされている。注意点として、Jawの側方組織（デバイス周囲2 mm）に

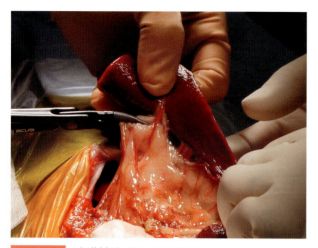

図 7-17 脾臓摘出時の血管処理
周囲組織の巻き込みがないことを確認しながら使用する。

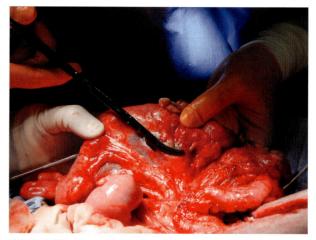

図 7-18 VSSの側方熱による影響
VSSの側方が白色化しているのがわかる。側方熱が発生することを考慮して組織や血管をシーリングする。

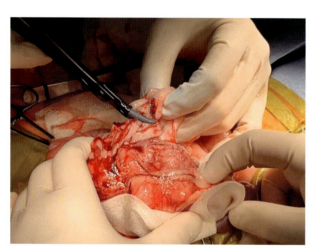

https://e-lephant.tv/ad/2003447/

図 7-19 使用時の注意点
癒着などが強い組織を剥離する際にもVSSは重宝するが、表側だけでなく、裏側の部分も確認を行い、不用意な挟み込みに注意する。

熱が伝わり変性する場合があるため、シーリングするときに周囲組織の巻き込みがないかどうかをチェックする必要がある（図7-17、7-18）。

使用時の注意点

VSSは、シーリングする部分をしっかりと圧迫して通電する。このとき血管などがJawの先端に存在すると血管が破綻して出血につながる可能性があるため、挟む場所に注意する必要がある（図7-19）。

電気手術器による止血

モノポーラ型電気メスによる止血

モノポーラ型電気メスの止血法には、放電凝固法と接触凝固法がある。

放電凝固法では、直接刃先を出血点に近づけて組織との間に火花放電を発生させることにより、出血点周囲の組織が乾燥して血管壁が収縮し、血管内腔が閉塞して凝固止血がもたらされる（図7-20）。

一方、接触凝固法では、止血したい部位を鉗子や鑷子などで挟んだまま電気メスの刃先を接触させること

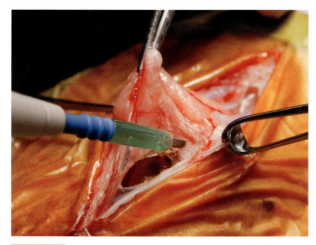

図7-20 放電凝固法による止血
放電凝固により腹壁の鎌状間膜を止血しながら切開している。

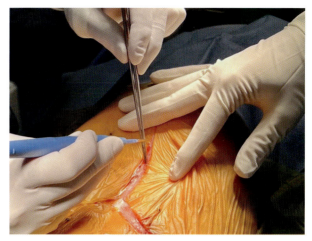

図7-21 接触凝固法による止血
出血点を鑷子や鉗子などで挟み、そこに電気メスの刃先を当てて通電する。

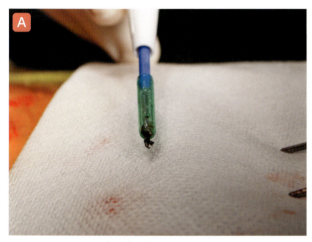

A 電気メスの先端の焦げをガーゼで拭いて落とす。

B 電気手術器に使用するチップクリーナーも市販されている。

図7-22 電気メスの使用による先端の焦げつき

によって凝固止血がもたらされる（図7-21）。この止血法ではバイポーラ型電気メスと同じような効果が得られる。放電凝固法では直径0.5 mmまでの血管が止血可能なのに対し、接触凝固法では直径1.5 mmまでの血管が止血可能である。しかし、これはあくまでも目安であり、血管の性状や周囲組織の剥離状況によって異なるため、電気メスで止血が不十分だと判断された場合は、縫合糸で結紮するか、止血クリップやVSSを適用する。

止血を行う際のモード選択はCoagモードが選択されることが多いと思われる。これは、Cutモードに比べて電圧が高くなるため、組織深くまで熱変性が生じることによって止血能力が高くなるためである。しかし高電圧であることから、熱上昇が大きいため焦げつきやすく、刃の先端に凝血物や組織の炭化物などが付着しやすくなる。この場合はインピーダンスが増し、十分な止血凝固が得られないため、モノポーラ型でもバイポーラ型でも先端の汚れはこまめに拭いて落としておくことも重要である（図7-22）。

以上のことから、放電凝固法でも接触凝固法でも熱傷などの有害事象の発生率を下げることを考えるのであればCutモードを用いるほうがよい。これは出血点や血管をしっかりと把持できている場合であり、皮下や筋肉からの出血を素早く止血したい場合は、Coag

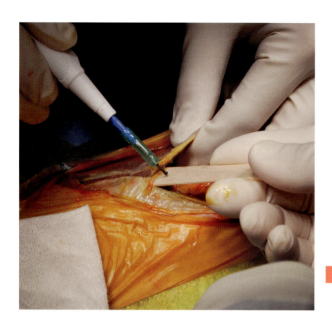

図7-23 筋膜などの切開時における注意点
肋間切開時には、腹腔内臓器への損傷を防ぐために木製の減菌済み舌圧子などを挿入する。

モードを選択する場合もある。すなわち前述したCutモードとCoagモードの違いを理解し、不本意な焦げつきなどをなるべく減らしていくことが重要である。

バイポーラ型電気メスによる止血

バイポーラ型電気メスによる止血は、モノポーラ型電気メスによる接触凝固法と類似しており、より出力を抑えて、ピンポイントで止血凝固することができる。しかし、バイポーラ型電気メスの先端は汚れが付着しやすく、止血が終了した後先端を離す際に組織がついてきて、せっかくシールした凝固物を剥がしてしまい、再度出血することがある。そのため先端の汚れはこまめに拭き取るように注意する。また、バイポーラ型電気メスの場合、両端の間を少し離して組織に接触させると、その間の組織を止血凝固することができる。より幅広く止血を行いたい場合に用いるとよい。

電気手術器による切開法

切開に関しては、モノポーラ型電気メスのCutモードが適している。しかし細胞レベルでは、瞬時に温度が上昇し細胞の破裂が起こるため、血管などでも同様のことが起こり出血する場合がある。理想としては、Cutモードで切開しながら、血管などからの出血は接触凝固法を用いて止血をしていく方法であるが、手術時間に影響することが問題点と考えられる。そこで筆者はブレンドモードを用いている。これはDCを調整して切開と凝固の両方を行えるようにしたモードであり、より効果的に止血しながら切開することができる。Coagモードは、筋肉や膜構造を切開する場合にも使えるが、熱変性が強いことからより深部まで熱が加わることを考慮して使用する（筋肉や膜構造の下に剪刀や木製の減菌済み舌圧子を入れるなど：図7-23）。

電気メスの出力は電圧と電流を乗じたワットで表示される。装置の違いや動物のボディー・コンディション・スコア（Body condition score：BCS）、あるいは対極板の接触状況などによって同じ出力でも違いがでるため、まずは皮下組織など問題とならない部位で試行し、その出力でよいことを確認してから、本格的に使用する。皮下や筋肉の出血、鎌状間膜の剥離や止血などを問題なく行える出力値を基準と考えるとよい。膜構造などの剥離に使用する場合は、そこから出力を1/4〜1/2程度落として使用する。このときもモードによる電圧の違いと連続波なのか、パルス波なのかを意識して使い分けるとよい。さらにモノポーラ型電気メスにおいては、ボタンを押さないまま刃先で鈍性に剥離することも可能なため、止血をしながらの剥離が可能となる。

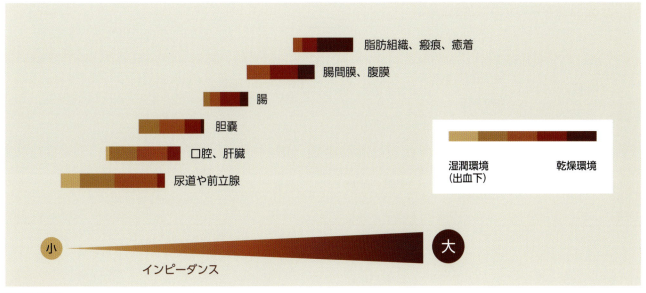

図7-24 各組織におけるインピーダンスの違い
インピーダンスが高いほど電流は通りにくくなるため、組織効果が低くなる。

組織のインピーダンスについて[2]

　組織によってインピーダンス（電気抵抗）はさまざまであり、この違いによって電気メスの組織効果（つまりは切れ味）に違いがでる。インピーダンスは脂肪を多く含む組織ほど高く、肝臓や前立腺などの臓器や水分を多く含む組織は低い（図7-24）。さらに対極板周囲の皮膚の乾燥具合などさまざまな要素からインピーダンスは異なる。さらに近年の電気メス本体は、インピーダンスを常にモニタリングしており電圧や電流をコントロールしている。そのためインピーダンスが低い水分を多く含む組織は、凝固が進んでいないと判断し大きなエネルギーを流し、脂肪組織や瘢痕組織などはインピーダンスが高いため、自動的に出力を下げることがある。

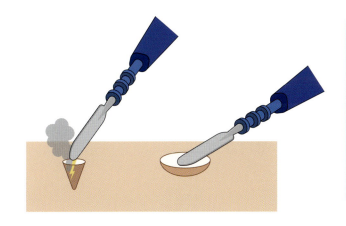

図7-25 接触面積による組織効果の違い
電気メスの接地面が広くなれば電流は分散するため、おのずと凝固や切開能力は落ちる。

Tips

手術中において、組織の切開などがうまくいかず出力を上げる選択をすることが多い場合には、まずどのような組織を切開しているのか、インピーダンスが高い組織なのか、対極板の設置や機器の設定に問題ないかどうかを確認するべきである。やみくもに出力を上昇させると思わぬ有害事象につながり、動物や手術室のスタッフにも影響がでる場合がある。さらに電気メスの先の接触面の大きさによっても通電する力は変わってくる（図7-25）。

表7-2　有害事象のメカニズムと原因

要因	発生原因	発生する事象	対策と対処法
対極板	貼付部位	熱傷、低温火傷	背側の広い範囲に対極板が接着すること。痩せている場合は、腰椎などの突起にも注意する。
対極板	貼付方法	熱傷、低温火傷	背側の広い範囲に対極板が接着すること。痩せている場合は、腰椎などの突起にも注意する。
電流	直接結合	熱傷、火事	接触凝固法の使用時にほかの鉗子や金属が触れないように注意する。
電流	容量結合	熱傷、火事	電気デバイスの空打ちをやめる。コードと鉗子などの接触に注意する。
電流	分流	熱傷、火事	首輪などを外す。
電極の先端	誤操作、誤作動	熱傷、火事	複数あるフットスイッチに注意する。
電極の先端	熱伝導	熱傷、火事	側方熱の発生に注意する。

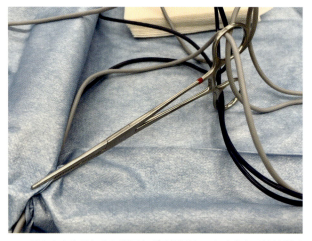

コードをまとめるために鉗子などの通電してしまうものは使用すべきではない。

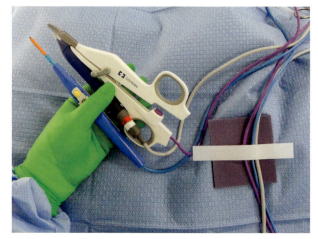

マジックテープになっているチューブオーガナイザーを使用してコードをまとめることで対策ができる。

図7-26　有害事象の要因

電気手術器の有害事象

電気手術器を用いたときに起こる有害事象をまとめた（表7-2、図7-26）。これらの有害事象はおもに①対極板によるもの、②電流の流れによるもの、③電極の先端に関連して発生するものの3つに分けられる。これらは日々1つずつ確認を行い発生しないように努めるべきだが、電気メスでの有害事象を減らす最も重要なことは、低出力設定のもと必要最低限の電流で手術を行うことである。止血や切開がうまくいかないからといってやみくもに出力をあげることで、動物への大きなダメージにつながり、さらには手術室にいる獣医師や愛玩動物看護師などにも影響がでてしまう場合もあるため、十分に注意する必要がある。

Column 2　FUSE資格について

今回説明している電気手術器や、超音波凝固切開装置、超音波吸引装置などの機器の原理から取り扱い、注意点などから有害事象のメカニズムまで学ぶことができる公式プログラムが、米国消化器内視鏡外科学会の開発したFundamental use of surgical energy（FUSE）である。このプログラムは日本でも受けることが可能であり、e-ラーニング教材で段階的に学ぶことができる。さらにオンライン試験にてFUSE資格を取得することが可能となっている。獣医療では電気デバイスに関して学べる機会は少ないため少しでも興味をもたれた方は、資格取得を目指してプログラムを受けていただければと思う。ご質問などがあればtamura.kei.dvm@gmail.comまでぜひご連絡いただきたい。

【参考文献】

1. Feldman, L. S., Fuchshuber, P. R., Jones, D. B(2012): Fundamentals of electrosurgery. In: The SAGES manual on the fundamental use of surgical energy (FUSE), pp.15-79, Springer.
2. 渡邉祐介(2022): 基本編 In: FUSE資格者が教える電気メス, pp.16-74, メジカルビュー社.
3. 小山勇(2017): 電気メスの特性と正しい安全な使用法. 臨床雑誌外科, 179(12):1146-1150.

第8章

超音波凝固切開装置

超音波凝固切開装置

はじめに

　手術手技は、大きく切開・凝固（止血）・縫合の3つに分けられる。このなかで切開と凝固を両方同時に行うことができるデバイスが超音波凝固切開装置（Ultrasonically activated devices：USAD）である。力学的エネルギーで組織の切開と凝固を行うことが電気メスとの大きな違いであるが、ベッセル・シーリング・システムと同様の凝固効果が得られるため手術において大変重宝される。しかし超音波振動させるブレードは複数回の使用や空打ちで高い熱を帯びるために周囲組織への熱損傷などに注意しなくてはならず、扱いが難しい機器でもある。本章では、USADの原理、特徴および使用法について解説する。

原　理[1]

　USADは、本体であるジェネレーターとハンドピースからなり（図8-1）、本体で発生した電気エネルギーはハンドピース内のトランスデューサーで47〜55 kHzの超音波振動に変換される。この振動で先端のアクティブブレードを往復運動させて組織を挟み込むことによって組織に摩擦熱が生じて凝固、切開が行われる。超音波凝固の機序としては、組織中のタンパク質が癒合し水素結合が破壊され、コアギュラムという粘着性物質に変性して血管などがシールされる（図8-2）。そして最終的には超音波振動により組織は機械的に切離される。タンパク質のコアギュラム変性や凝固は63℃で発生する。超音波凝固は100℃以下の低温凝固であるため、組織は炭化することなく周囲組織の熱変性が最小限に抑えられている。

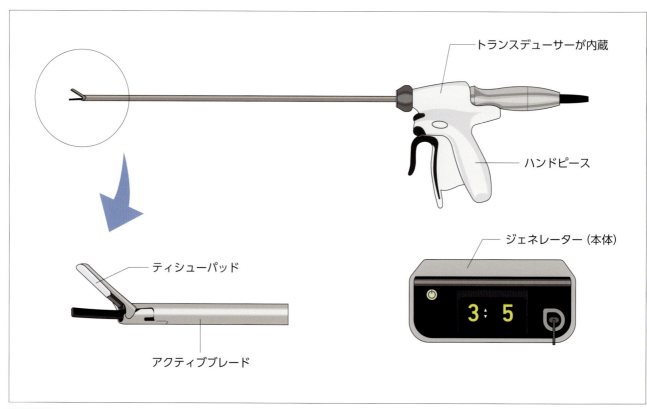

図 8-1 超音波凝固切開装置の仕組み
一般的な超音波凝固切開装置では、本体から先端へ電気エネルギーが流れ、アクティブブレードの往復振動により組織や血管を凝固止血して切開する。

   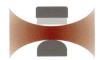

1. 超音波凝固切開装置により組織または血管の挟み込み（圧迫）を行う。
2. 作動させることで、水素結合が破壊され細胞内タンパク質が変性する。
3. 変性したタンパク質が変化してコアギュラムを形成。
4. アクティブブレードの往復振動による摩擦で熱が発生し血管壁がシールされる。
5. 電気手術器よりも低い温度で凝固と切開が行われる。

図8-2 超音波凝固切開のメカニズム

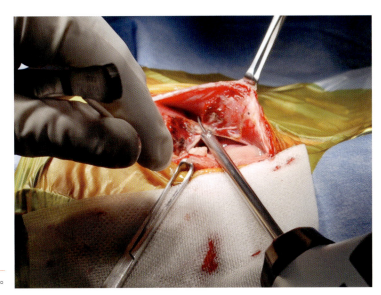

図8-3 腹壁との癒着を切開している様子
周囲組織への巻き込みがないことを確認する。

使用法

　USADは前述のように、凝固と切開を同時に行えることから手術時間の短縮や簡便化につながるが、使用法を間違えると出血やほかの組織の損傷などを引き起こしてしまうため注意が必要である。

　まずは、切離する組織や血管の周囲組織を十分に剥離し、しっかりと把持することが重要である（図8-3）。これによって周囲組織への損傷や血管の切離時の出血を防ぐことが可能となる。ティシューパッドは対象となる組織をアクティブブレードとともに挟み込む役割をしており、握り込む圧力によって凝固から切開までの時間をコントロールすることが可能である。

　一般的にUSADは、直径5 mmまでの血管の凝固切離が可能である。HARMONIC ACE® +7（ジョンソン・エンド・ジョンソン）やThunderbeat（オリンパス）などは直径7 mmの血管まで凝固切離が可能としている。

　アクティブブレードの先端や側面が、把持する組織や血管以外の部分に接触していないことを確認する（図8-4）。もしどうしても組織や血管が当たってしまう場合には、組織・血管側にティシューパッドを当てて熱損傷を防ぐことが必要である。しかしUSAD動作後のティシューパッドも熱を帯びているため、十分に注意する。これは内視鏡外科手術の際にはとくに重要で、USAD使用後の機器がほかの組織に接触していな

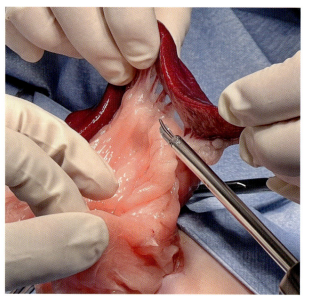

図8-4 脾臓摘出における超音波凝固切開装置の使用
アクティブブレードは常に目視できる側面に置くことが重要である。

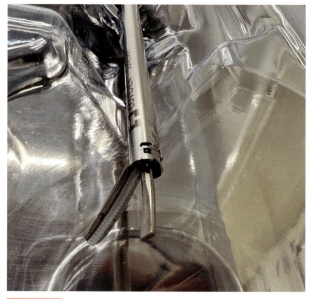

図8-5 アクティブブレードの先端
Sonicision™カーブドジョー（コヴィディエンジャパン）のアクティブブレードは先端が細く、わずかに屈曲しているため、組織の剥離などにも使用できる。

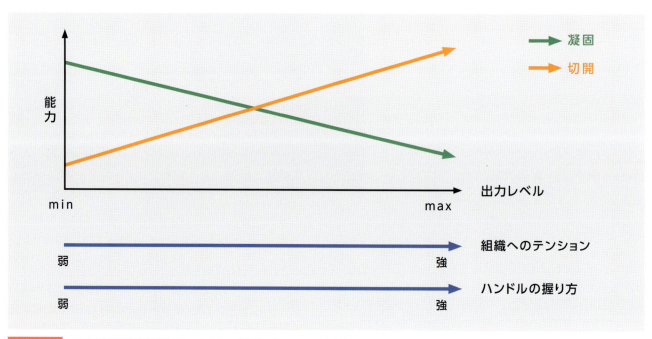

図8-6 超音波凝固切開装置における凝固と切開の関係性
ハンドルを握り込む強さと組織へのテンションによって凝固と切開のバランスを調節することが可能となる。

いか常に確認しておく必要がある。

アクティブブレードの先端は、それぞれのメーカーによって形状が少し異なるが、筆者が使用しているSonicision™カーブドジョー（コヴィディエンジャパン）は先端部分がわずかに屈曲していることによって剥離操作や視認性が向上している（図8-5）。

挟み込む組織および血管に張力が強くかかっている場合は、切開時間は短縮するが血管のシーリングなどが不十分になる可能性がある。その逆に組織へのテンション（カウンタートラクション）が弱い場合には、切開時間が延長し凝固をより長く行うことが可能となる（図8-6）。

https://e-lephant.tv/ad/2003431/

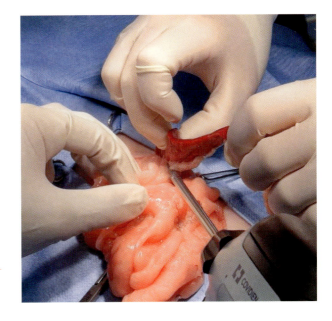

図8-7 開腹下における超音波凝固切開装置でのスモークの発生
開腹下ではあまり気にならないため問題はないが、内視鏡外科ではしばしば視認性の問題となる。

注意点[1,2)]

　USADの使用による側方熱やアクティブブレード自体の熱での周囲組織への損傷には、十分に気をつける必要がある。連続使用などによって200℃程度まで上昇したブレードが、体温程度の温度まで減少するのに約40秒かかることが知られており、作動直後のブレードをむやみに周囲組織に接触させないことが重要である。USADの使用時には、組織傷害性を示すキャビテーションやミストが発生する。

キャビテーション

　キャビテーションは、超音波振動の先端部で組織中の水分が圧迫されることで発生する高エネルギー波であると定義され、USADの使用においても発生しているものと考えられる。しかしキャビテーションによる直接的な作用は、アクティブブレードの接触部位から数mm程度の範囲とされており、現状の機器では周囲組織に触れていなければ組織損傷の可能性は極めて低いと考えられている。よって基本的な原則を守っていれば、デバイス使用時のキャビテーションを気にする必要はない。

ミスト

　ミストは、アクティブブレードの超音波振動による組織液の蒸発によって生じる（図8-7）。開腹手術下においてはあまり気にならないが、内視鏡外科手術時には視野を悪くすることで手術時間の延長につながってしまう。ミスト対策としては、ティシューパッドに付着した汚れはこまめに除去すること、USAD使用時にはカメラを少し離すこと、USADに連動できる排煙システムなどを用いることなどが対策として挙げられる。

機器の違いについて

　2024年現在、獣医師は以下に挙げる3種類のUSADのいずれかを使用している場合が多いと考えられる。この3種類はそれぞれに特徴と違いがある。詳しくは機器の使用取扱書などを参考にしていただきたい。

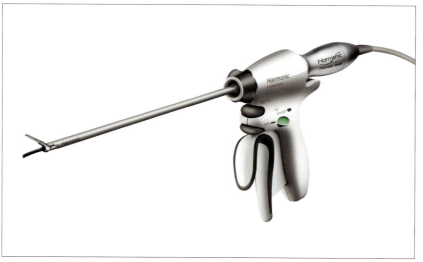

図8-8 HARMONIC ACE® +7
画像提供：ジョンソン・エンド・ジョンソン株式会社 メディカル カンパニー

図8-9 Thunderbeat TypeS
画像提供：オリンパスマーケティング株式会社

HARMONIC ACE® +7（図8-8）

HARMONIC ACE® +7（ジョンソン・エンド・ジョンソン）は、前述したとおり最大7 mmまでの血管の凝固切離が可能である。さらにUSADのなかでもアクティブブレードの形状が細く薄いため、狭い層への挿入も簡単にでき細かい作業に適している。さらにティシューパッドとブレードが接触すると出力を落としてパッドの消耗を防止する機能がある。これにより急激な温度の増加をできるだけ抑えて凝固切離することが可能となっている。

Thunderbeat TypeS（図8-9）

Thunderbeat TypeS（オリンパス）は、世界初となるベッセルシーリングシステムとUSADの2つの出力を可能にしているコンバインドデバイスである。シーリングのみのシールモードと、シーリングから切開まで行うシール＆カットモードがあり、最大7 mmの血管の凝固切離が可能となっているが、ブレードの温度上昇はかなり急速であるため周囲組織への熱損傷に十分注意する必要がある。

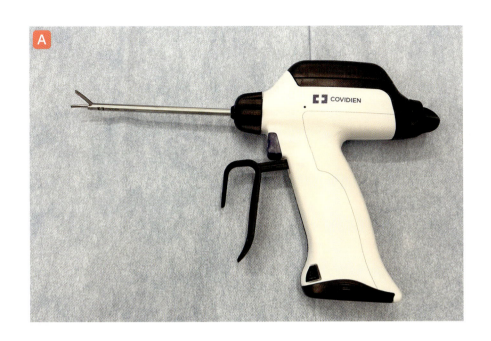

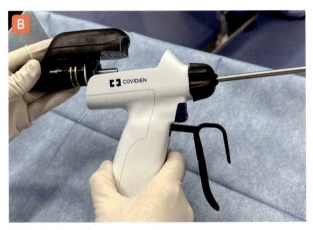

専用のトランスデューサーを装着して使用する。

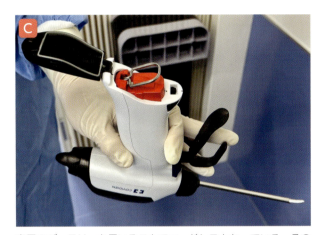

専用のバッテリーを用いることでコードレスとなっている。そのためコードを気にせず自由に動かして使用することが可能である。

図8-10 Sonicision™カーブドジョー（コヴィディエンジャパン）

Sonicision™カーブドジョー（図8-10）

Sonicision™カーブドジョー（コヴィディエンジャパン）は、USADのなかでも唯一のコードレスであることが最大の特徴である。これによってコードの混線や、コードの不注意なひっぱりによる落下なども防止することができる。さらに360度自由に先端を回転させることができるため、コードレスと相まってストレスなくアクティブブレードを術者の好きな位置で使用することが可能となっている。しかしバッテリーがハンドル内にあるため、ほかのUSADと比べて重いのが欠点である。

【参考文献】
1. NPO法人国際健康福祉センターデバイス研究会(2022): In: 手術室デバイスカタログ 外科医視点による性能比較・解説 (NPO法人国際健康福祉センターデバイス研究会 編), pp.16-34, 金原出版.
2. 中島亮(2017): 超音波凝固切開装置の特性と正しい使用法. 臨床雑誌外科, ;79(12):1151-1155.

第9章

超音波吸引裝置

超音波吸引装置

はじめに

人医療において超音波吸引装置は、肝実質破砕装置ともいわれ、おもに水分含量の多い肝臓などに使用される機器である。1960年代に開発されたこの装置は当初白内障手術に用いられていたが、その後、脳外科領域で用いられ現在の肝臓切除手術に応用されるようになった。

おもに超音波の振動とキャビテーション（液体に生じた気泡が破裂することにより生じた衝撃波）を用いて組織を破砕する。組織の水分含有量や強度の違いによって破砕するものとしないものを分けることが可能で、肝臓実質を切削しながら血管を温存できる装置である。獣医療においても、肝臓、胆嚢周囲の外科手術のみならず、骨を削る手術などにも非常に重宝する装置であるが、原理や使用方法を理解していないと、重篤な合併症を引き起こす可能性がある。

本章では、超音波吸引装置の原理から使用法、注意点などを実症例も含めて説明する。

原理と機能

本体装置から供給される電気エネルギーがハンドピースに内蔵されている超音波振動子に伝わって、数μm〜数10μmで振動する。それが先端のチタン製ホーンに伝わり、増幅されてチップに接触した組織を高速振動させて破砕するのがおもな原理である。この直接的な破砕に加えて、超音波振動によるキャビテーションによっても破砕が起こる。これは水分による現象のため水分含有量の多い組織（肝臓など）でより効果を発揮する。

洗浄と吸引

この装置には超音波振動のほかに、洗浄と吸引という2つの機能を有している（図9-1、9-2）。洗浄は、ハンドピース先端から生理食塩液を流すことで、先端の冷却と破砕した組織の浮遊を行っている。さらに組織とチップを密着させることによって伝達効率を上げている。そして破砕された組織や血液を、洗浄液とともに吸引して除去している。

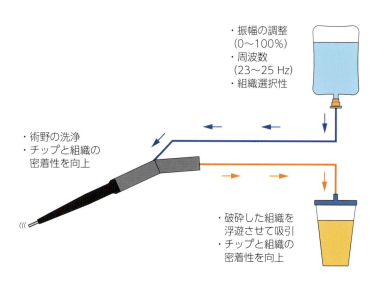

図 9-1 超音波吸引装置の機能
超音波振動、洗浄、吸引の3つの機能を有している。

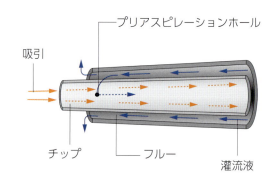

図 9-2 チップ先端での洗浄と吸引の原理
粉砕した組織をチップから吸引し、プリアスピレーションホールから回収される灌流液とともに吸引し、除去している。チップと組織の間に灌流液を流すことで密着性を高めている。灌流液はおもに生理食塩液を用いている。

強度が低い（最も破砕しやすい）組織

| 腫瘍 | 脂肪 | 肝臓 |

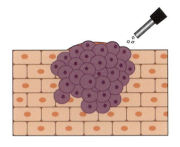  

強度が高い（弾性に富み、破砕しにくい）組織

| 血管壁 | 気管 | 神経 |

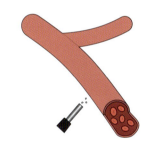  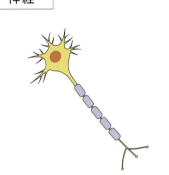

図9-3　組織の硬さの違い
水分含有量が高い組織は超音波吸引装置による破砕がしやすいが、一方で、水分含有量が少ない組織は破砕しにくくなっている。以上のことから、組織によって超音波吸引装置の効力が変わってくる。

組織破砕力

　超音波吸引装置の組織破砕力はチップの高速振動によって決まってくる。これは、振幅と振動回数で表せるが、振動回数は固定されてしまっているため（機器によって異なるが、大体23〜25 Hzである）振幅の変更にて組織破砕力が決定する。さらにこの振幅には、チップを振幅させる出力であるInitiation powerと組織に接触し、抵抗が発生したときに振幅を保つためのReserve powerの和となる。実際の装置では、10〜100％の振幅を選択することで、組織破砕力を決定している。

組織選択性

　組織の選択性は、水分含有量やコラーゲン量によって違いが生み出されている。一般的に腫瘍や肝臓などの実質組織、脂肪などは水分含有量が多いため破砕しやすく、血管壁や気管、神経などは水分含有量が少なく、コラーゲン量が多いことから破砕に対する抵抗力が大きい。さらに前述した振幅を下げることでもより明確に組織選択性を上げることができるが、その反面組織の破砕スピードは落ちることになる（図9-3）。

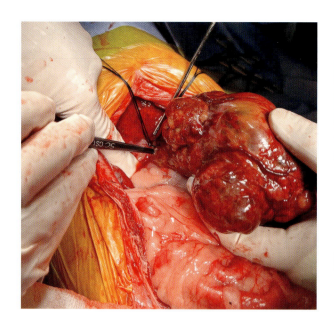

https://e-lephant.tv/
ad/2003432/

図 9-4 肝臓腫瘍に対する超音波吸引装置の使用例
超音波吸引装置を前後に動かすことで、組織の破砕を行っている。このときに脈管が確認できたら、適宜凝固や切開を行う。

超音波吸引装置のなかには、電気メスとの接続を行い組織切削中の出血や脈管の焼灼を同時に行うことができる機能もある。さらに近年では腹腔鏡などへの対応や、よりコンパクトな装置本体が開発されている。

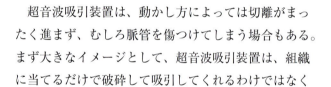

超音波吸引装置は、動かし方によっては切離がまったく進まず、むしろ脈管を傷つけてしまう場合もある。まず大きなイメージとして、超音波吸引装置は、組織に当てるだけで破砕して吸引してくれるわけではなく切って削っていくイメージをもつことが重要である（図9-4）。先端の円筒は、超音波振動が加わることによって鋭利に切れるようになる超音波メスである。その切れ味や組織選択性は前述した水分含有量や振幅によって決まる。そのため、操作中に脈管が損傷し出血した場合のほとんどは、超音波振動で傷つけているのではなくチップを動かす力で引っ掛けて脈管を損傷していると考えたほうがよい。組織選択性や破砕力は、振幅によって決まるが、特徴を理解した動かし方で組織選択性をさらに上げることが可能となる。基本的な3つの使い方を紹介する。

押す（PUSH）（図9-5）

　これが基本的な使い方である。ゆっくりと押して削っていくイメージをもつとよい。
押すときの注意点を以下に挙げる。
・ゆっくり等速で動かす
・無理に押し込まない
・目視にて削るところを選択する
・先端を当てる角度を調整する

　これらを理解したうえで、押し込みながら少しストロークをつけて前方に動かすことで組織を破砕して吸引できる。おもな注意点は、脈管の損傷を防ぐことであるが、脈管に対してチップ先端の動作が平行に近づくほど損傷するリスクは少なくなることも理解しておく必要がある。目視にて細かい脈管をしっかりと確認して、チップの先端で引き裂かないように動かすことが重要である。

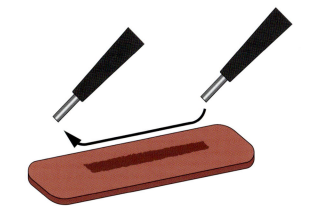

図 9-5　押す（PUSH）

叩く（TAP）（図9-6）

　これは肝組織のなかに脈管がどのように走行しているのかわからない場合に有効な方法であり、少しストロークをつけながら細かく先端で組織を叩くように行う。これによって破砕力が低下し、組織選択性を上げることが可能となる。肝組織を最初に破砕するときなどに使うとよい。

図 9-6　叩く（TAP）

引っ掻く（SCRATCH）（図9-7）

　チップを傾けて先端と逆方向に動かす。振動によって崩れる肝組織を吸引する形となり、脈管の温存に有効である。切離速度や破砕が遅くなるため、押しつける力が強くなりチップ先端での物理的な脈管の損傷に気をつける必要がある。この方法は肝臓のグリソン領域の脈管露出に有効な方法である。

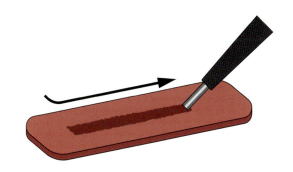

図 9-7　引っ掻く（SCRATCH）

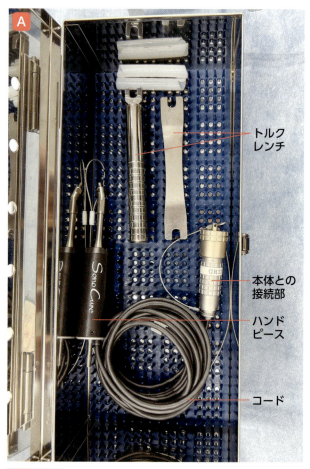
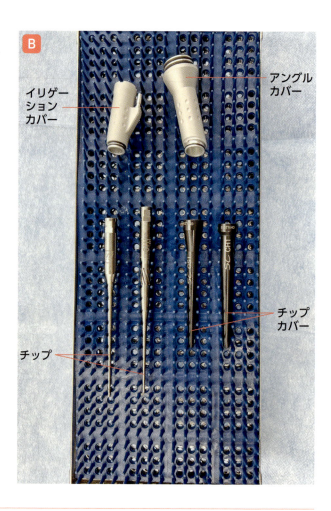

図9-8 本体の部品
カスト内にチップの先端やカバー、コードなどをいれて滅菌する。

取り扱い

　獣医療で取り扱っている超音波吸引装置は、SonoSurg（オリンパス）とSonoCure（アトムメディカル）の2社であるが、SonoSurgは販売中止になっているため、2024年現在で動物用医療機器として使用できる超音波吸引装置はSonoCureのみとなる。電気デバイスとは異なり組み立てが必要となるため、本項目では組み立て方から使用例まで説明する。

組み立て方

超音波吸引装置は、本体のコンソール、コード（電気ケーブル、洗浄液ケーブル）、ハンドピース（チップなど）に分かれている（図9-8）。多くの施設で、カストに入れて滅菌されていると思われる。順を追って組み立て方の説明をする。

①ハンドピースにアングルカバーを取りつける。
②その後チップを取りつける。チップ自体は、軟部組織用と骨組織用があり現在8種類程度ある。
③スパナとトルクレンチを用いてチップを締めつける。このときにカチッという音がするまで締めつける（図9-9）。
④イリゲーションカバーを取りつける（図9-10）。
⑤その後チップカバーを取りつけて完了となる（図9-11）。
⑥チュービングセットを生理食塩液にセットする。
⑦吸引チューブをハンドピース根本に取りつける。
⑧送水チューブをイリゲーションカバーに取りつける。

　このように、組み立ては複雑なため、順番などを間違えないように注意する。

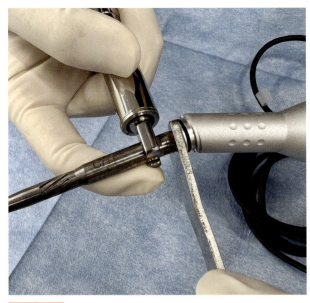

図 9-9 トルクレンチの使用
ハンドピースとチップを取りつけた後、専用のトルクレンチを用いてカチッと音がするまで回して取りつける。

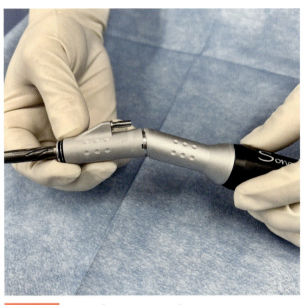

図 9-10 イリゲーションカバーの取りつけ
イリゲーションカバーにゴムが取りつけてあるため、しっかりとはめ込むことが重要である。

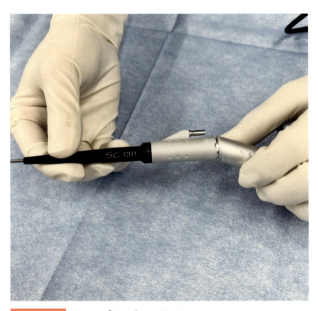

図 9-11 チップカバーの取りつけ

出力

SonoCureでは、超音波出力、イリゲーションの流量、サクションの設定が可能である。さらに連続発振ではなく、パルス発振機能（70、50、30％）があり、この機能により症例ごとに血管や神経などを過度な熱による組織損傷を抑えることができる。

使用例

おもに筆者は、肝臓腫瘍や胆嚢摘出時に使用している。とくに肝臓腫瘍の摘出においては、組織選択性が高いため非常に重宝している。

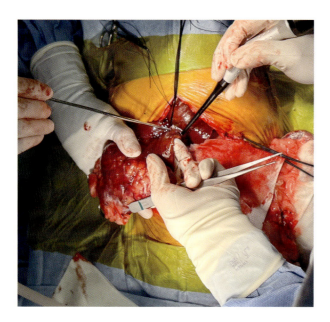

https://e-lephant.tv/ad/2003433/

図 9-12 肝臓腫瘍摘出における使用
肝臓腫瘍の流入および流出血管結紮後に基部を超音波吸引装置で破砕している動画である。出血は最小限に抑えられる。

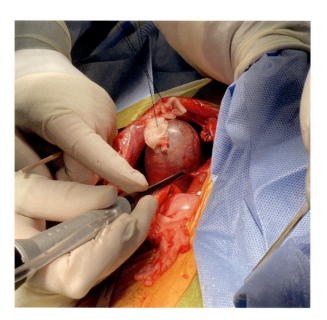

https://e-lephant.tv/ad/2003434/

図 9-13 胆嚢摘出における使用
チップの先端を胆嚢壁と肝臓の境目に当てながら破砕することで、胆嚢を肝臓から剥離することが可能となる。

肝臓腫瘍摘出における使用（図9-12）

　切除する部位を決定したら、そこに沿ってチップ先端を前述した方法で動かし、組織を破砕吸引する。このときに細かい脈管などはベッセル・シーリング・システムやバイポーラ型電気メスを用いて止血凝固を行い切離する。肝区域切除においては、超音波吸引装置を用いて流入血管および流出血管の両側を削り、血管の確保をすることができる。肝臓腫瘍摘出における振幅は、30～50％程度で開始して状況に応じて振幅を上げている。しかし前述したように、振幅を上げると組織破砕力は増加し切削スピードは上がるが、脈管が損傷する可能性も高いため注意する。

胆嚢摘出における使用（図9-13）

　重度の胆嚢炎や胆嚢破裂症例において胆嚢と肝臓の癒着が強い症例に用いている。振幅は10～30％程度ではじめ、状況に応じて変更する。胆嚢と肝臓の臓側面での剥離を行うが、超音波吸引装置を用いると、どうしても肝床側に対して損傷を起こすことになる。胆嚢頸の部分には、中肝静脈の方形葉と内側右葉への分岐があるため注意しながら剥離していく必要がある。

第10章

内視鏡手術器

内視鏡手術機器

はじめに

　胸腔鏡や腹腔鏡などの内視鏡外科手術は、小さな切開創より内視鏡や内視鏡外科手術専用のデバイスを体腔内に挿入して、モニターに映し出される画像を観ながら行う手術法である。内視鏡外科手術では、二次元の画像を観ながら手術を行うため、遠近感が取りづらく、通常の開胸・開腹手術とは異なり手の触感が乏しくなる。そのため、内視鏡外科に関する知識や技術を身につけることが重要となる。本章では、一般的な内視鏡外科手術に用いられる手術機器について解説する。

機器の紹介

テレスコープ（硬性鏡）（図10-1）

　テレスコープはカメラヘッドに接続して使用する。テレスコープは先端の角度が0度の直視鏡と30度や45度の斜視鏡に分けられる。また外径が3 mm、5 mm、10 mmなどの種類がある。得られる映像は、外径が大きくなるにつれて明るくなる。また、先端部分を自在に角度調整できるフレキシブルスコープも開発されている。斜視鏡の場合、12時の位置にライトケーブル接続部があり、この角度を変えることにより観える角度が変わる。

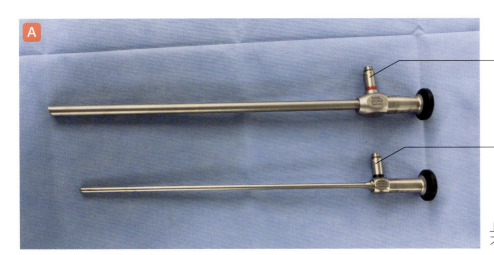

上側が10 mm、下側が5 mmのテレスコープである。

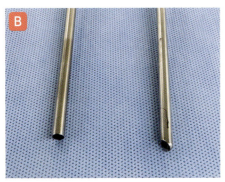

左側が0度の直視鏡、右側が30度の斜視鏡である。

図 10-1　テレスコープ（硬性鏡）
HOPSKINS® Rubina™ 硬性鏡：カールストルツ・エンドスコピー・ジャパン

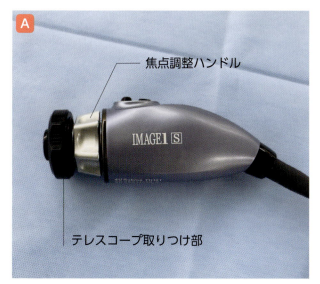

A カメラヘッド（IMAGE1 S™ 4U Rubina™ カメラヘッド：カールストルツ・エンドスコピー・ジャパン）
4K解像度で、近赤外蛍光に対応したカメラヘッドである。

B カメラヘッドのユーザーコントロールボタンでは、本体側で設定を加えることにより各種機能の割り当てができる。

カメラコントロールユニット（IMAGE1 S™ コネクトⅡ、IMAGE1 S™ 4U リンク：カールストルツ・エンドスコピー・ジャパン）
カメラコントロールユニットにカメラヘッドを接続して使用する。USBメモリを接続することで静止画・動画の記録もできる。4K解像度で、近赤外蛍光に対応したカメラヘッドである。

図 10-2 ビデオカメラ装置

ビデオカメラ装置（図10-2）

　ビデオカメラ装置にはフルハイビジョンや4Kなどのタイプがあり、3D画像が得られる装置も開発されている。テレスコープと接続して使用する。内視鏡外科手術において、ビデオカメラ装置は、術者や助手の眼としての役割を果たすため重要であり、内視鏡手術器のなかで最も高額な機器となる。

図10-3 光源装置

Power LED Rubina™
光源装置：カールストルツ・エンドスコピー・ジャパン
白色光と近赤外蛍光モードを簡単に切り替え可能な光源装置である。長寿命のLEDを使用している。

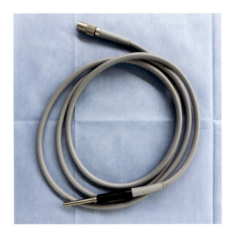

図10-4 ライトケーブル

ファイバーライトケーブル：カールストルツ・エンドスコピー・ジャパン
光源装置（図10-3）とテレスコープを接続するグラスファイバーケーブルである。

光源装置、ライトケーブル（図10-3、10-4）

体腔内を照らす機器で、テレスコープに接続する。光源装置のランプはハロゲン、キセノン、LEDなどが用いられている。ハロゲンは太陽光に近く、キセノンとLEDは白く明るい自然な光を得ることができる。ランプの使用時間には寿命があり、キセノンで500～700時間程度である。LEDはハロゲンやキセノンに比べて使用時間が長いため、現在の主流はLEDとなっている。ハロゲンは段々と光量が低下していくのに対して、キセノンとLEDは光量が突然消失する。一般的にビデオカメラ装置が高解像度になるにつれて光源光量がより必要となる。

近年では、インドシアニングリーンを用いた近赤外蛍光イメージングが可能な機器も開発されている（図10-5）。人医療において、臨床応用されており、子宮頸癌のセンチネルリンパ節の同定に有用であった報告[1]やミリメートル単位の小さな肝転移の診断が可能であった報告[2]がなされている。

ライトケーブルは光源装置とテレスコープを接続するグラスファイバーケーブルである。グラスファイバーケーブルは破損する可能性があるため、手術中や洗浄中はほかの機器同様に丁寧に取り扱う必要がある。もし使用しているうちに術野の光量が下がってきているようであればライトケーブルの破損の可能性を考慮する。ライトケーブルをテレスコープに接続すると熱を発しないため、クールライトと呼ばれているが、接続していない状態では、ライトケーブルの先端が発熱して高温となる。火災や熱傷の原因となるため、テレスコープと接続していない際は、速やかに光源の電源を落とす（もしくはスタンバイ状態にする）ようにする必要がある。

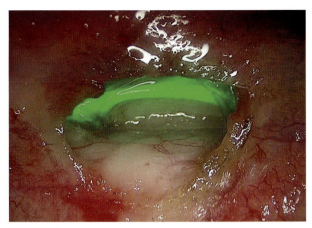

図 10-5 インドシアニングリーンによる近赤外蛍光イメージング
IMAGE1 S™ 4U Rubina™（カールストルツ・エンドスコピー・ジャパン）では、4Kフルカラー映像と蛍光イメージング画像をオーバーレイにより同時に観察可能である。画像は、胸管造影をインドシアニングリーンを用いて行っているところである。

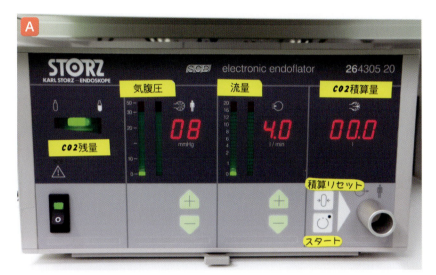

A 気腹圧、流量を設定できる。

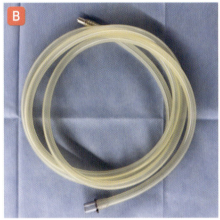

B 気腹装置とトロッカーの気腹ポートと接続するチューブである。

図 10-6 気腹装置と気腹チューブ
Electronic Endoflator®：カールストルツ・エンドスコピー・ジャパン

気腹装置（図10-6）

　気腹装置は、腹腔鏡手術を行う際に腹腔内に二酸化炭素（炭酸ガス）を送気する装置である。気腹圧、気腹流量を設定することで自動的に気腹を行うことができる。気腹の際に二酸化炭素が使用されるのは、血中に溶解しやすいこと、ガス塞栓を起こしにくいこと、電気メスなどの影響により燃焼の危険がないことなどが理由となっている。気腹装置とトロッカーの気腹ポートや気腹針を気腹チューブにて接続して使用する。胸腔鏡手術では通常は使用しないが、肺を虚脱させたい場合などには用いる場合がある。

　気腹を行う方法には、気腹針を刺入するクローズド法、あらかじめ皮膚と腹壁を切開し、第1トロッカーを挿入して気腹ルートを確保するオープン法がある。気腹針を用いた方法では、盲目的に腹腔内に刺入するため、血管や臓器を損傷させる危険性がある。そのため、現在ではオープン法が推奨されている。

　気腹圧は8～15 mmHgに設定し、炭酸ガスの流量は体重によって決定する。一般的に体重2.5 kg未満の動物では、0.5 L/分未満、体重2.5～15 kgの動物では0.5～1.0 L/分、体重15 kgを超える動物では1.0～2.0 L/分を目安とする。

　これらの機器を接続し使用できる状態にした写真を図10-7に示す。

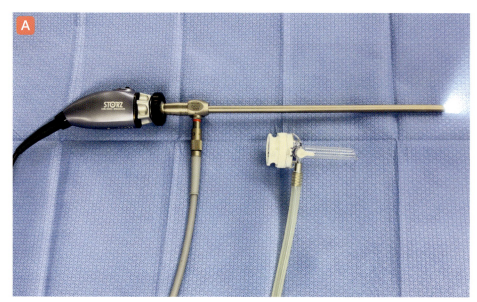

テレスコープとカメラヘッド、ライトケーブルの接続。右側は気腹チューブとトロッカーの接続。

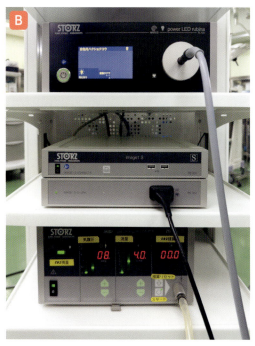

上から光源装置、ビデオカメラ装置、気腹装置と各種ケーブル、チューブの接続。

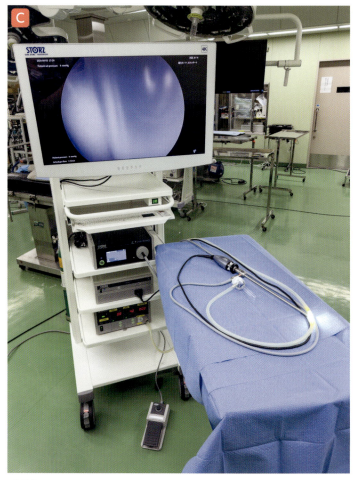

全体像

図10-7 内視鏡手術器の全体像

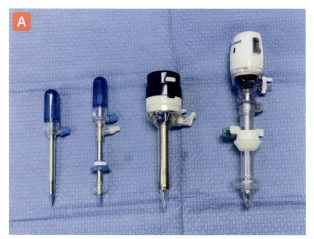
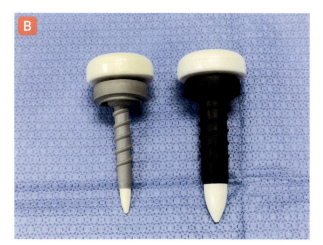

図10-8 トロッカー

腹腔鏡用トロッカー
ディスポーザブルのプラスチック製のトロッカーで、気密バルブがついており、気腹装置を接続するためのポートがついている。左から、5 mm（バルーンなし、バルーンあり）、12 mm（バルーンなし、バルーンあり）となっている。バルーンがついているものは、腹壁に固定することができるため抜けづらいことが利点である。

胸腔鏡用トロッカー
腹腔鏡用トロッカーと異なり、肺を損傷しないようソフトな素材でつくられている。左側が5 mm、右側が12 mmのトロッカーとなっている。

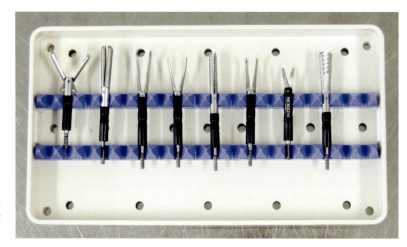

図10-9 鉗子
さまざまな種類の鉗子があり、行う手技や扱う組織によって使い分ける必要がある。

トロッカー（図10-8）

トロッカーは体壁に設置するカニューレであり、テレスコープや鉗子などを体腔内に挿入するために用いる。トロッカーにはさまざまな種類がある。トロッカーの外径は2〜15 mmのものがある。使用するテレスコープ、鉗子、エネルギーデバイスなどに応じて適切な外径のものを選択する。トロッカーにはリユーザブル、ディスポーザブルのものがあり、小動物に用いる場合はディスポーザブルのプラスチック製のほうが軽量で扱いやすい。腹腔鏡手術用のトロッカーには気腹したガスが漏れないようにするための気密バルブがあり、気腹装置と接続するためのポートがついている。胸腔鏡手術用のトロッカーは、肺を損傷しないよう肋間に優しいソフトな素材でつくられているものがある。

鉗子（図10-9）

内視鏡外科手術で用いられる鉗子にはさまざまな種類があり、剥離鉗子、把持鉗子、剪刀、持針器などがある。シャフト径も1.6、2、3、4、10 mmのものがある。剥離鉗子の形状にはストレート型、メリーランド型、直角型などがある。把持鉗子には波状型、無傷性開窓型（有窓型）がある。そのほかに、組織生検などに用いる生検鉗子、臓器をよける圧排鉗子などもある。

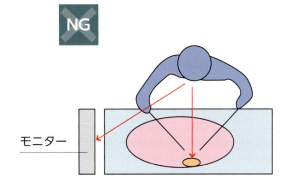
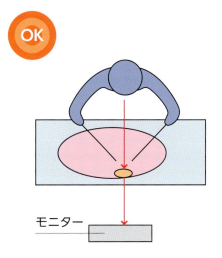
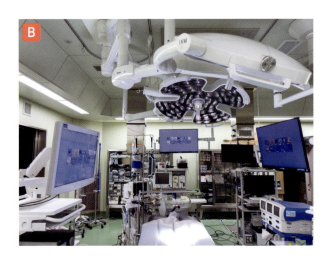
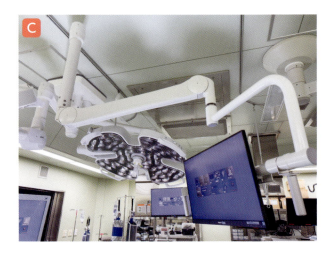

図10-10 Coaxial Setting
モニター、対象臓器(病変部)、術者は一直線上に配置することが望ましい。日本大学動物病院では、天井吊り下げ式のモニターを導入しており、モニター位置を自由に調整できる。内視鏡外科手術を実施する際には2画面以上での実施が望ましい。

内視鏡外科手術におけるポート設置の基本ルール

Coaxial Setting（図10-10）

　モニター、対象臓器（病変部）、術者は一直線上に配置することが望ましい。これにより、左右の手の協調性の向上、疲労感の軽減、モニターの2D画像を3D画像として想定しやすくなるとされている。

Triangle Formation（図10-11）

　両手の操作用トロッカーは視軸（カメラ）を軸として、対象臓器を頂点とする60〜120度の二等辺三角形を形成するように設置する。

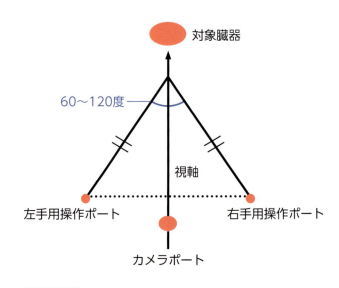

図10-11 Triangle Formation

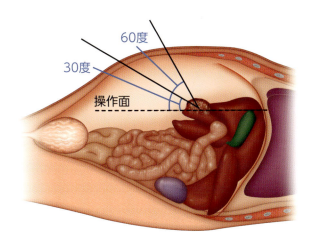

図10-12 Remind The Axis

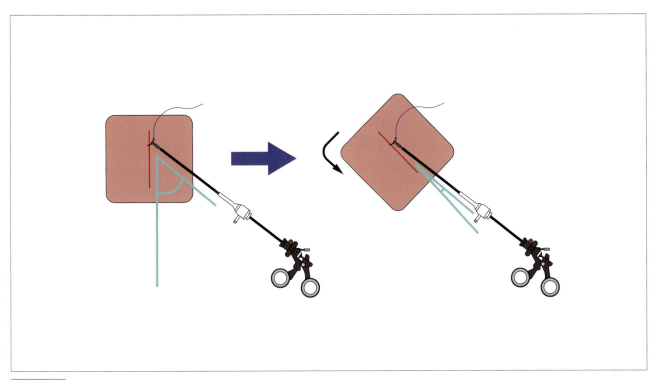

図10-13 Move The Ground

Remind The Axis（図10-12）

操作面に対して30〜60度の角度で鉗子が挿入されていると操作しやすい。

Move The Ground（図10-13）

地面（臓器や組織）のほうを動かして縫合線や切離線を鉗子軸に平行に近づける。

Switch The Axis

Move The Groundが難しい場合には、違うトロッカーからの操作を試みる。場合によっては左右を入れ替えて、操作軸そのものを変更する（図10-14-A）。

また、カメラと鉗子が干渉してしまい、良好な視野が得られない場合はカメラを挿入するトロッカーを変更する（図10-14-B）。

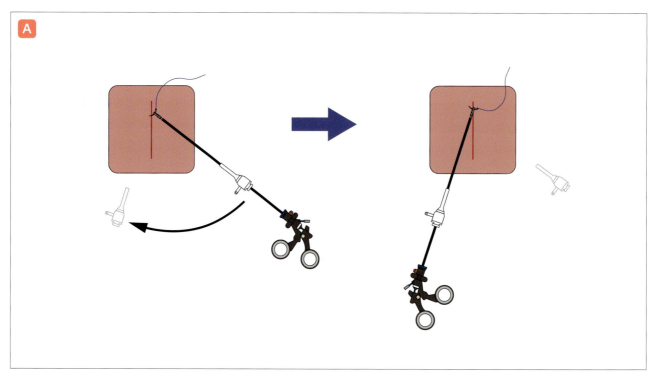

左右を入れ替えて、操作軸を変更する。

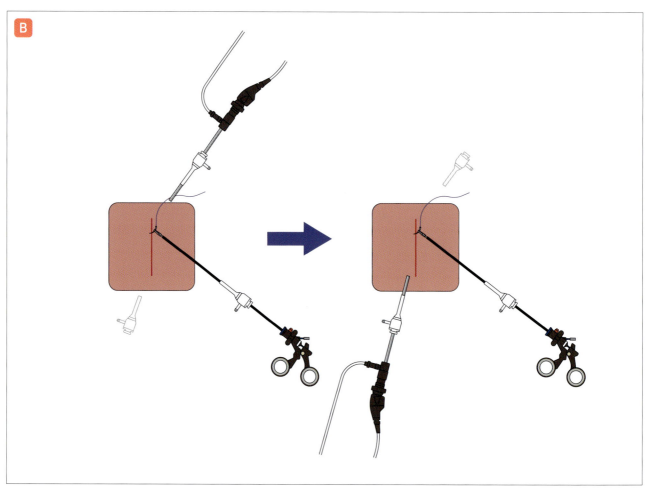

カメラを挿入するトロッカーを変更する。

図10-14 Switch The Axis

表10-1 獣医療における内視鏡手術機器の使用

使用目的	適応検査／手術
基本的腹腔鏡検査	肝生検、腎生検、膵生検、腸生検、リンパ生検や各種臓器の観察など
基本的腹腔鏡手術	卵巣（子宮）摘出術、潜在精巣摘出術、膀胱結石摘出術、予防的胃固定術など
発展的腹腔鏡手術	脾臓摘出術、胆嚢摘出術、副腎摘出術、腎摘出術、膵臓部分摘出術、肝臓部分摘出術、消化管手術など

内視鏡外科手術におけるカメラ助手

　内視鏡外科手術において、カメラを操作する助手のことを本邦では「スコーピスト」と呼称しているが、これは和製英語である。英語で表現する場合には、Camera assistantやCamera holding assistantと表記される[3]。人医療の日本内視鏡外科学会用語集においては、「カメラ助手」と呼称されている[4]。内視鏡外科手術においては、視覚認知・空間認知にかかわる重要な部分が術者から分離し、カメラ助手に委ねられている。人医療においては、カメラ助手の技能は手術時間、出血量、合併症など手術成績に影響を与える可能性があると報告されている[5-8]。そのため、カメラ助手は非常に重要な役割と言える。以下にカメラ助手をする場合の基本技術について記述する。

カメラ助手の基本技術

レンズを汚さない

　内視鏡外科手術においては、カメラが術者の眼としての役割を果たしているため、テレスコープ先端のレンズが汚染すれば視野の確保が難しくなる。レンズに腹腔内臓器などが触れないように留意する。また、腹腔鏡手術においてはポートの気密バルブに付着している体液で汚染されることも多いので、汚れている場合には気密バルブの掃除を行う。比較的汚染されていない臓器表面にレンズを接触させることで、汚染を一時的に軽減させることもできる。

水平を崩さない

　内視鏡外科手術においては水平を保持することが重要となる。絶対水平の目安として、カメラ上面の向きが参考となる。カメラ助手が判断する水平と、術者が希望する水平が異なる場合もあるため注意する。

視野中心を外さない

　対象臓器が認識できたら、カメラ助手は手術操作が加えられている部分を視野の中心に位置させることに集中する。

適切な拡大視野を得る

　内視鏡外科手術のメリットの1つとして、近接視野や拡大視野が得られるということがある。そのとき行っている手術操作にあわせて視野の調整を行う。

予期せぬ動きをしない・動揺しない

　カメラを移動させるときは、術者が予想できる動きで、比較的ゆっくり一定の方向と速度がよい。また、カメラを動揺させないように努力する。一定以上のブレをともなうとモニターを観察すべての手術スタッフの疲労や集中力低下につながる。

斜視鏡の角度を利用する

　直視鏡では、カメラの延長軸上にある対象物の側面は観察ができないか不十分となる。斜視鏡を使用することで、テレスコープを例えば90度回転することで側面が容易に観察できるようになる。

適応手術

　獣医療において、基本的腹腔鏡検査としては、肝生検、腎生検、膵生検、腸生検、リンパ生検などの各種臓器の生検がある。また、基本的腹腔鏡手術としては、卵巣（子宮）摘出術、潜在精巣摘出術、膀胱結石摘出術、予防的胃固定術などがある。さらに発展的腹腔鏡手術として、脾臓摘出術、胆嚢摘出術、副腎摘出術、腎摘出術、膵臓部分摘出術、肝臓部分摘出術、消化管手術などが挙げられる（表10-1）。

Column 3　IVRについて

　内視鏡外科手術のような低侵襲治療法として、IVRが挙げられる。IVRとはInterventional Radiology（インターベンショナルラジオロジー）の略であり、画像下治療という和名があり、X線透視検査やCT検査などの画像を観ながらカテーテルなどを用いて行う治療のことである。人医療においては、臨床応用されておりそれらの適応が急速に拡大している。獣医療においても、犬の肝内性や肝外性門脈体循環シャントに対するコイル塞栓術などの報告[9,10]もなされている。

【参考文献】

1. Imboden, S., Papadia, A., Nauwerk, M., et al.(2015): A Comparison of Radiocolloid and Indocyanine Green Fluorescence Imaging, Sentinel Lymph Node Mapping in Patients with Cervical Cancer Undergoing Laparoscopic Surgery. *Ann. Surg. Oncol.*, 22(13):4198-4203.
2. Tummers, Q. R., Verbeek, F. P., Prevoo, H. A., et al.(2015): First experience on laparoscopic near-infrared fluorescence imaging of hepatic uveal melanoma metastases using indocyanine green. *Surg. Innov.*, 22(1):20-25.
3. 金平永二(2021): 腹腔鏡手術におけるカメラ助手の重要性. 臨床外科, 76(10):1186-1191.
4. 日本内視鏡外科学会：内視鏡外科学用語集. https://www.jses.or.jp/modules/glossary/, (accessed 2024-03-28).
5. Huettl, F., Huber, T., Duwe, M., et al.(2020): Higher quality camera navigation improves the surgeon's performance: Evidence from a pre-clinical study. *J. Minim. Access. Surg.*, 16(4):355-359.
6. Babineau, T. J., Becker, J., Gibbons, G., et al.(2004): The "cost" of operative training for surgical residents. *Arch. Surg.*, 139(4):366-369.
7. Huber, T., Paschold, M. Lang, H. et al.(2015): Influence of camera navigation training on team performance in virtual reality laparoscopy. *J. Surg. Sim.*, 2:35-39.
8. Huber, T., Paschold, M. Schneble, F. et al.(2018): Structured assessment of laparoscopic camera navigation skills: the SALAS score. *Surg. Endosc.*, 32(12):4980-4984.
9. Weisse, C., Berent, A. C., Todd, K. et al.(2014): Endovascular evaluation and treatment of intrahepatic portosystemic shunts in dogs: 100 cases (2001-2011). *J. Am. Vet. Med. Assoc.*, 244(1):78-94.
10. Ishigaki, K., Asano, K., Tamura, K., et al.(2023): Percutaneous transvenous coil embolization (PTCE) for treatment of single extrahepatic portosystemic shunt in dogs. *BMC Vet. Res.*, 19(1):215.
11. NPO法人国際健康福祉センターデバイス研究会(2022): In: 手術室デバイスカタログ 外科医視点による性能比較・解説(NPO法人国際健康福祉センターデバイス研究会 編), pp.152-154, 金原出版.
12. 江原郁也(2018): 腹腔鏡・腹腔鏡手術の基本と有用性. *SURGEON*, 22(4):4-7.

索 引

■ あ

アクティブブレード　88
アドソン鑷子　33, 35
アドソンリトラクター　69
アトラウマチック鑷子　33
アーミー・ネイビー・リトラクター　66
アリス鉗子　46
アングルカバー　100
安全カバー　12

■ い

イリゲーションカバー　100
インターベンショナルラジオロジー　114
インドシアニングリーン　106
インピーダンス　73, 83

■ う

ヴァイオリン・ボウ・グリップ　16
ウェイトラナーリトラクター　69

■ え

円刃刀　13

■ お

オクスナータイプ　35
オルセン・ヘガール持針器　54

■ か

開創器 ➡ リトラクター
カウンタートラクション　17, 90
替刃　12
カストロビエホ型　40, 54, 59, 60
カメラ助手　113
カメラヘッド　105
鉗子　42, 109

肝実質破砕装置 ➡ 超音波吸装置

■ き

キセノン　106
基部　32
気腹装置　107
気腹チューブ　107
脚部　32
キャビテーション　91, 96
休止時間　75

■ く

クーパー剪刀　24
クラシック　76
クーリー　48
クレストファクター ➡ CF

■ け

外科剪刀　23
外科用メス　12
外科用メスの受け渡し　15
外科用メスの持ち方　15
血管鉗子　46
血管縫合　56, 61
ケリー鉗子　44
ゲルピーリトラクター　69

■ こ

コアギュラム　88
鉤 ➡ リトラクター
光源装置　106
高周波電流　73
高周波への変換　73
硬性鏡 ➡ テレスコープ
交流電流　73
黒色凝固　73

ゴッセリトラクター	66
コッヘル鉗子	43

■ さ

細胞死	73
細胞内温度と組織効果の関係	73
サティンスキー鉗子	48
サム・インデックス・フィンガー・グリップ	27,28
サム・リング・フィンガー・グリップ	27,49,56

■ し

ジェネレーター	88
止血鉗子	43
止血凝固	77,82
持針器	54
実効値電圧	75
執筆法 ➡ ペンシルグリップ	
シナーグリップ	56
出力コントロール	73
小円刃刀	13,16
シーリング	79
新生児用のフィノチェットリトラクター	64

■ す

水素結合	88
スコーピスト	113
スタンダードタイプ	35
スチーレバラヤ鑷子	33
スプレー	76

■ せ

舌圧子	67,68,82
鑷子	32
接触凝固法	80,81
接触面積	83
鑷子を保持する際の持ち方	38
穿刺切開	13,18
尖刃刀	13,16
先端電極	74,78
剪刀	22
センリトラクター	66

■ そ

組織効果	73
組織選択性	97
組織破砕力	97
組織把持鉗子	46
ソフト凝固	75,76

■ た

対極板	76
ダイヤモンドダストジョウ	36
ダイヤモンドチップ	36,55
タオル鉗子	48
縦溝	35,47,48
タングステン・カーバイト	36,55
弾弦法 ➡ ヴァイオリン・ボウ・グリップ	
断続波	75
タンパク変性	88

■ ち

チップ	96,100
チップカバー	100
チップクリーナー	81
チューブオーガナイザー	84
超音波吸引装置	96
超音波凝固切開装置	88
腸鉗子	46

■ て

低周波電流	73
ティシューパッド	88
ディスポーザブル式メス	12
デイトリッヒ	48
テーブル・ナイフ・グリップ	15
デューティーサイクル ➡ DC	
デラ	48
テレスコープ	104
電気抵抗 ➡ インピーダンス	
電気メス	72
電流密度	76

■と

ドベーキー鑷子	34
ドライカット	76
トランスデューサー	88
トロッカー	109
ドワイヤン腸鉗子	46
鈍性剥離	28

■に

ニードル型	76

■ね

熱損傷	76
ネラトンカテーテル	79

■の

脳ベラ	67

■は

バイポーラ型電気メス	77
バイポーラピンセット	78
箱型関節	42
把持部	42
把持法を比較した実験	58
把針器 ➡ 持針器	
発振時間	75
バブコック鉗子	46
パームドグリップ	56
パルス状	75
ハルステッド・モスキート鉗子	44
バルファーリトラクター	66
ハロゲン	106
ハンドピース	88,96,100

■ひ

ピーク電圧	75
左手で止血鉗子を外す	43
ビデオカメラ装置	105
火花放電	80
皮膚以外の切開	18
皮膚切開法	16
ピュアカット	76
ピンセット ➡ 鑷子	

■ふ

フィノチェットリトラクター	64
フォースト	76
フットスイッチ	78
ブラウンアドソン鑷子	35
プラットフォーム加工	36
プリアスピレーションホール	96
フリーマン剪刀	25
フルー	96
ブルドック鉗子	48
ブレード型	76
ブレンド	74,76,82

■へ

ペアン鉗子	43
ヘガール型持針器	54
ベッセル・シーリング・システム	79,80
ペンシルグリップ	16,38,57,79

■ほ

縫合針	59
放電凝固法	80
ボディー・コンディション・スコア	82
ボール型	77

■ま

マイクロサージェリー用セット	40
マイクロサージェリー用の鑷子	36,40
マイクロ剪刀	26,40
マチュー型持針器	54,57
マレアブルリトラクター	67

■み

ミクスター鉗子	44
ミスト	91

■ む

無外傷性鑷子 ………………………………… 33
無鉤鑷子 ……………………………………… 33,34

■ め

メイヨー剪刀 ………………………………… 24
メイヨー・ヘガール持針器 ………………… 54,56
メイヨー・ロブソン型 ……………………… 46
メス刃の着脱方法 …………………………… 19
メッツェンバウム剪刀 ……………………… 24

■ も

モスキート鉗子 ……………………………… 44
モノポーラ型電気メス ……………………… 74

■ ゆ

有害事象 ……………………………………… 84
有鉤鑷子 ……………………………………… 33

■ よ

横溝 …………………………………………… 35,47

■ ら

ライトケーブル ……………………………… 106
ラチェット …………………………………… 42

■ り

リトラクター ………………………………… 64
リバースド・グリップ ……………………… 27

■ れ

連続波 ………………………………………… 75
連続縫合 ……………………………………… 60

■ わ

ワイヤー剪刀 ………………………………… 27
弯刃刀 ………………………………………… 14

＜欧文ではじまる語＞

BCS (Body condition score)
　➡ ボディー・コンディション・スコア
Camera assistant ➡ カメラ助手
Camera holding assistant ➡ カメラ助手
Caramelization ……………………………… 73
CF ……………………………………………… 75,76
Coagモード …………………………………… 75
Coaxial Setting ……………………………… 110
Cutモード …………………………………… 75
DC (Duty cycle) …………………………… 73,75
Desiccation …………………………………… 73
FUSE (Fundamental use of surgical energy) …… 85
Hilton's maneuver ………………………… 28,50
Initiation power …………………………… 97
IVR (Interventional Radiology)
　➡ インターベンショナルラジオロジー
Jaw …………………………………………… 42,79
LED …………………………………………… 106
Move The Ground ………………………… 111
Remind The Axis …………………………… 111
Reserve power ……………………………… 97
Switch The Axis …………………………… 111
Triangle Formation ……………………… 110
USAD (Ultrasonically activated devices)
　➡ 超音波凝固切開装置
Vaporization ………………………………… 73
VSS (Vessel sealing system) …………… 79,80,102

監修者プロフィール

浅野 和之　ASANO, Kazushi
（日本大学生物資源科学部獣医学科獣医外科学研究室）

獣医師・博士（獣医学）。北海道大学大学院獣医学研究科博士課程修了後、日本大学生物資源科学部獣医学科獣医外科学研究室助手、専任講師、テキサスA＆M大学マイケルE.ドベーキー研究所客員研究員、日本大学生物資源科学部獣医学科獣医外科学研究室准教授を経て、現在は日本大学生物資源科学部獣医学科獣医外科学研究室教授。専門分野は軟部外科、とくに腹部および胸部外科を専門とし、腫瘍外科を多く手掛けており、内視鏡外科やインターベンショナルラジオロジーにも取り組んでいる。

執筆者プロフィール

石垣 久美子　ISHIGAKI, Kumiko
（日本大学生物資源科学部獣医学科獣医外科学研究室、日本大学動物病院 外科診療科）

獣医師・博士（獣医学）。日本大学生物資源科学部獣医学科卒業、日本大学動物病院外科にて勤務し、日本大学獣医外科学研究室にて学位を取得、現在は上席研究員。専門分野は内視鏡外科手術やインターベンショナルラジオロジーなどの低侵襲治療であり、日本獣医内視鏡外科学会副会長および日本獣医インターベンショナルラジオロジー学会理事を務めている。

田村 啓　TAMURA, Kei
（東京農工大学小金井動物救急医療センター、TRVA動物2次診療センター 軟部外科担当）

獣医師・博士（獣医学）。一次診療施設などで働きながら、日本大学大学院博士課程を修了後、現在に至る。専門分野は、軟部外科一般であり2022年には、米国消化器内視鏡外科学会のプログラムであるFUSEを獣医師で初めて取得。日々綺麗な手術を目指して研鑽中。

櫻井 尚輝　SAKURAI, Naoki
（日本大学生物資源科学部獣医学科獣医外科学研究室）

獣医師・博士（獣医学）。2019年に日本大学生物資源科学部獣医学科を卒業後、日本大学大学院に進学。2023年に犬に対するインドシアニングリーン蛍光法の有用性に関する研究で博士号を取得。軟部組織外科や内視鏡外科に関して興味があり、研究を行っている。

小動物基礎臨床技術シリーズ
手術器具の基本操作

2024年6月1日　第1版第1刷発行

監　　修	浅野和之
発 行 者	太田宗雪
発 行 所	株式会社 EDUWARD Press（エデュワードプレス） 〒194-0022　東京都町田市森野1-24-13　ギャランフォトビル3階 編集部：Tel. 042-707-6138　／　Fax. 042-707-6139 販売推進課（受注専用）：Tel. 0120-80-1906　／　Fax. 0120-80-1872 E-mail：info@eduward.jp Web Site：https://eduward.jp（コーポレートサイト） 　　　　　https://eduward.online（オンラインショップ）

表紙デザイン	アイル企画
本文デザイン	飯岡恵美子
撮　　影	佐藤幸稔
イラスト	河島正進、豊岡絵理子、龍屋意匠合同会社
組　　版	bee'sknees-design
印刷・製本	瞬報社写真印刷株式会社

乱丁・落丁本は、送料弊社負担にてお取替えいたします。
本書の内容に変更・訂正などがあった場合は弊社コーポレートサイトの「SUPPORT」に掲載されております
正誤表でお知らせいたします。
本書の内容の一部または全部を無断で複写・複製・転載することを禁じます。

© 2024 EDUWARD Press Co., Ltd. All Rights Reserved. Printed in Japan.
ISBN978-4-86671-205-5　C3047